G 花园时光 TIME
ARDEN 第3辑

橘林文化·编
中国林业出版社

《花园时光》（第3辑）支持单位

《花园时光》

《花园时光》是一本针对园艺爱好者的出版物，内设"设计师在线"、"畅享花园"、"植物之美"、"有机生活"、"园丁爱劳动"等篇章，每个篇章下又分若干小栏目。该书内容丰富、时尚，呈现给读者一种全新的园艺生活方式，并将以分辑的形式出版，欢迎广大读者踊跃投稿。

电话：010-83227584
微博：花园时光gardentime
博客：blog.sina.com.cn/u/2781278205
邮箱：huayuanshiguang@163.com

图书在版编目（CIP）数据

花园时光.第3辑／韬祺文化编.—北京：中国林业出版社，2013.7
ISBN 978-7-5038-7108-5

Ⅰ.①花…　Ⅱ.①韬…　Ⅲ.①观赏园艺　Ⅳ.①S68

中国版本图书馆CIP数据核字（2013）第150564号

策划编辑：何增明　印芳
责任编辑：印芳　盛春玲
封面图片：花园设计师Sarah及她的花园

出版：中国林业出版社
（北京西城区德内大街刘海胡同7号　100009）
电话：（010）83227584
发行：中国林业出版社
制版：北京美光设计制版有限公司
印刷：北京卡乐富印刷有限公司
印张：6.5
字数：210千字
版次：2013年8月第1版
印次：2013年8月第1次
开本：889mm×1194mm　1/16
定价：39.00元

美丽花园梦

　　无论你是不是园艺爱好者，只要有家，有方寸之地，就会或大或小有个"花园梦"。喜爱优美的环境，喜爱花草植物是人类的本性。虽说大家都在抱怨房价越来越高，但不可否认的是，我们的居住面积还是越来越大，居住条件越来越好，对环境的重视度也越来越高，拥有美丽花园的梦想愈发清晰和迫切，而从梦想到现实的距离也随之越来越近。

　　前不久，由北京花卉协会主办、《花园时光》编辑部承办的"美丽窗台志愿者招募活动"在"花园时光"的微博上一曝光，就引来了全国各地百多名朋友的关注，大家都想报名参加，但由于地域限制，只有北京的一些朋友参与了活动。很多北京以外地区的朋友都在期盼，什么时候能在自己所在城市办呢？活动能如此受欢迎，说明了一个问题，我们每一个人都希望把家装扮得更加漂亮。《花园时光》也将努力，与其他城市的相关部门合作，让更多的家庭都能在植物的装饰下更漂亮。此辑《花园时光》对该活动进行了报道，以后也将陆续追踪大家布置阳台的情况，会有更加精彩和实用的信息展示给大家。

　　在"花园时光"的微博上，经常可以看到有花友发来世界各地的花园图片，比如，名为"摄花人"的博友发来的西班牙的街边花园景观，就引来众多网友的惊叹！大家被如此淳朴的美景深深震撼，心中那美丽花园的梦想好像也有类似的景象吧！很多朋友说，多看看外面世界的花草布置，不仅赏心悦目，还会对打造自己的花园有很多帮助，所以，《花园时光》也会尽力多选用这类稿件满足读者的需求。

　　此辑《花园时光》也开辟了"畅享花园"栏目，其中"巴厘岛的花园酒店之旅"从爱花人视角的对著名的旅游胜地——巴厘岛，进行了新的诠释。这是一次休闲度假之旅，也是花园欣赏之旅，该文区别于以往的旅游类文章，是为花友量身定制的。作为《花园时光》的编辑，我们希望通过一些新的视角让读者对花园有更加深刻的认识和了解，增强该书的可读性。所以，我们在努力尝试，将文章的内容更加丰富化。

　　我们生活在一个伟大的国度，我们将见证美丽中国的伟大复兴。就让我们从实现我们微小的梦想开始，为实现美丽中国梦而努力吧！

韬祺文化
2013 年 6 月

G 花园时光 TIME
GARDEN

CONTENTS
第3辑

056

045

096

064

076

039

EXPERT RECOMMENDS
达人推荐

在这一辑的达人推荐栏目，玛格丽特将告诉您园艺界发生的新鲜事儿，并与您分享她喜欢的园艺景点。

尝试自己酿啤酒的乐趣

夏天花园的美食时光，啤酒是最好的饮料，尝试过自己酿啤酒吗，其实并不是很难的事儿。还有，夏天院子里的玫瑰花，除了欣赏，还可以做成美味呢，试试玫瑰酱、玫瑰茶……

川西那些令人迷醉的野花花海

夏天，是炎热的，也是苍翠茂盛的，没有了春天的姹紫嫣红。但是"人间四月芳菲尽，山寺桃花始盛开"，去川西吧，稻城亚丁、理塘草原、四姑娘山，都是漫山遍野的野花盛开，蓝天白云下，不远处雪山皑皑，徜徉在美丽的花海里，怎一个流连忘返！

游览园博会正当时

这个夏天,第九届中国(北京)国际园林博览会(简称园博会)开幕了,并将持续到今年 11 月。6 月我去的时候,花儿们开得正艳,花境层次丰富;各地的园林小景风格明显,布置很用心;锦绣园非常壮观,还有主场馆、园林博物馆等,都非常值得一看。但是也别抱有太高的期望值,快餐式堆砌的园林还是缺少了时光的沉淀,相信随着时间的推移,会越来越有味道!

夏天,当然要去看荷花

荷花是中国的十大名花之一,它的优雅、秀丽、亭亭玉立、出淤泥而不染……一直吸引着古今以来的文人墨客、爱花雅士。全国的荷花景点非常多,如果你喜欢野趣,可以去自然湿地看野荷,比如云南省丘北县普者黑景区、河北保定白洋淀、黑龙江虎林市的月牙湖、安徽的宏村……都是欣赏野荷的好地方;还有人工池塘的荷花,如北京圆明园、江苏金湖市荷花荡、山东济南的大明湖……

By the 1960s there was a feeling that gardens at Chelsea were too traditional and there was a growing appetite for modernism.

In 1959 The Times' 'Garden of Tomorrow' caused a sensation with its remote control lawnmower; but it wasn't until 1962 that modernism really came to Chelsea. That year the Institute of Landscape Architects commissioned John Brookes to design a garden with the aim of showcasing a more modern style. His garden popularised the concepts of outdoor rooms and architectural planting.

切尔西花展百年

2013 年 5 月,全世界最负盛名的花展——切尔西花展迎来了 100 岁的生日。100 岁,整整一个世纪!"切尔西"不仅带给花园人视觉上的享受,更催生了一个又一个的花园梦想。它是花园产业发展的风向标。今年的切尔西花展,注定更加与众不同。

100 ANNIVERSARY OF CHELSEA FLOWER SHOW
"切尔西" 百年

今年5月，全世界最负盛名的花展——切尔西花展迎来了100岁的生日。100岁，整整一个世纪！"切尔西"不仅带给花园人视觉上的享受，更催生了一个又一个的花园梦想。它是花园产业发展的风向标。今年的切尔西花展，注定更加与众不同。两位园艺达人"兔毛爹"和"兔白白"为您呈现他们眼中的切尔西百年。

新品、精品花卉的大party
大院、小园顶级设计大秀台

图/文 兔毛爹

今年是切尔西花展的百年华诞，因此备受皇家的重视，女王不仅早早地来看"热闹"，其宠孙哈里王子所支持的慈善机构Sentebale亦首次与大名鼎鼎的百安居合作，加入了参展的行列。

室内部分——园艺大师的速成课

共有150个展品和250个展位。较之室外，室内的花卉就开得更加火爆、绚丽和让人意想不到。所谓"展品"就是这些"环岛"状的展区，每个展区都有自己独特的主题，所有展区都布置得锦雅秀丽，装饰感极强却又无矫揉造作之态。今年最醒目、最庞大又最出人意料的竟然是一个来自泰国以兰花为主题的展区。

在此展台前，兔毛爹惊诧于当今科技对于园艺的奉献，这些伟大的园艺家们居然个个都是"报与桃花一处开"的圣手，他们让这些不同品种、不同产地、不同花期的热带花卉，争相竞放在同一时间、同一温度的同一展台前。兔毛爹问工作人员到底是如何做到的？工作人员笑答：这是"切尔西秘密"之一。

所谓"展位"，则是指由花卉商承包，借以展示自己商品的展台，亦是花展最传统的保留项目之一。早年的切尔西花展以培育玫瑰新品种而闻名于世，近年来，随着花展的国际化，创新品种不断增加，比如日式盆景，既有传统的风骨又有创新的色彩。

除了新品展示，还有花卉装饰。部分展台还教你如何操作，这些世界顶尖级的花卉装饰家像魔术师大揭密一样，让爱好者看得有一种耳目一新、如醉如痴的感觉。用足以信手拈来的沃野之花，点缀你精致典雅的日常生活。

很遗憾，参展的花卉太多，不能逐一介绍。无论是玫瑰、鸢尾、天竺葵亦或铁线莲的爱好者，每个人都能在自己喜欢的花卉中"发现"成百上千的不同品种。对于观者来说，切尔西花展就像是一堂别开生面的"园艺大师速成课"，让每个人，在回到故乡的时候，永远有"新鲜的话题"要与那些从未到过切尔西的花友们诉说。

1. 来自泰国的以兰花为主题的展区，是2013年切尔西花展上最醒目、最庞大的展区。
2. 室内展区的各种园艺植物新品。

兔毛爹：北京土著，生于"后文革"时代。2008年，在京郊买了个不大不小的花园，从此走上了一条园艺发烧路。2013年5月，兔毛爹慕名去参观了切尔西花展百年庆典。

1

2

3

4

室外部分——色彩的"斑点"与"飞溅"

兔毛爹是园艺爱好者，当然对室外部分情有独钟。该部分由 15 个展示花园，11 个最好的法国花园和 8 个工匠花园组成。这些花园，主题不一，风格迥异，但皆可称作是当今世界 Open Garden 的典范。

在"展示花园"中，给兔毛爹留下印象最深的大约就是 The Mindfulness Garden 了。该园的设计者依据来自 Jackson Pollock 绘画作品的"色彩"灵感，大胆使用各色花卉以自然、混搭、高低错落的手法，力求还原绘画中"色彩"的"斑点"与"飞溅"……

自古及今，绘画者临摹花园者多，造园者临摹绘画者却独此一份。不谈其作品最终是否获奖，单论其设计者的想象力和表现力，便足矣让观者赞叹不已。

智者，不仅可以造"大院"，亦善于造"小园"。除了那些气势恢宏的"展示花园"之外，切尔西花展室外部分更有小巧如巧克力盒子般的"工匠花园"令人玩味。这些"工匠花园"大多取材于普通花园里的小润饰、小屏蔽，其小情节既具观赏性，又具模仿性，让人观后有一种不虚此行的满足感，以及回家也找个旧水桶马上吊起来当装饰的冲动。

5 6

3. 以白色花卉为主的午夜花园（也叫神秘花园）深得爱好哲学的人士以及"夜猫子"们的喜爱。
4. 大的场景令人陶醉，小的细节也令人着迷。
5. 除了那些气势恢宏的大场景之外，更有小巧如巧克力盒子般的"工匠花园"令人玩味。
6. "工匠花园"大多取材于普通花园里的小细节、小布景，这些小细节既具观赏性，又具模仿性，让人观后有一种不虚此行的满足感，以及回家也找个旧水桶马上吊起来当装饰的冲动。

每一个园艺爱好者都一定能在这场"盛宴"中找到属于自己的那盘"菜"。比如以白色花卉为主的午夜花园（也叫神秘花园）就深得爱好哲学的人士以及"夜猫子"们的喜爱（夜间，唯有白色的花是看得见的，所以，自古英国人就有用白色花卉打造午夜花园的爱好）。

1960年代，英国人感觉"切尔西"过于传统，缺乏现代审美。于是，在苦思冥想之后，设计师 John Brookes 将一种全新的 Outdoor Rooms 与 Architectural Planting 相结合的花园设计理念带到了1962年的花展，并从此开拓了一条好评不断的"切尔西"现代之路。每年虽只对公众开放5日，却吸引约15.7万游客来此参观。

兔毛爹回家，准备造一个像切尔西一样的好花园，造一个中国式的"Garden of Tomorrow"。

7

7. 即使是一处小景，也能让人透过怀旧的汽车感受到切尔西花展的历史悠远。
8. 早年的切尔西花展以培育玫瑰新品种而闻名于世，近年来，随着花展的国际化，创新品种不断增加，比如这盆日式盆景，既有传统的风骨又有创新的色彩。

8

切尔西的历史

1913年5月的伦敦社交季，注定会被载入史册。因为除了划船和赛马等传统社交节目外，在伦敦郊外切尔西皇家医院的花园，举办了一个由皇室发起的赏花会——"切尔西花展"。

2013年5月的伦敦社交季，也注定会被载入史册。不仅因为这个著名的花展迎来了百年华诞，更因为由中国Open Garden爱好者组成的观展团第一次走进了这个举世闻名的"切尔西花园"。进入会场之后你会发现，前来观展的园艺爱好者之多，的确让人始料未及。难怪英国人说：在伦敦只有三件大事会导致交通堵塞，其一：女王出行；其二：足球队凯旋；其三：就是切尔西花展……

那么，这个切尔西花展为何如此"火爆"呢？究其原因尚需寻本溯源。

该花展的前身是1852年维多利亚女王在肯辛顿宫花园举办的"皇家园艺春季大赛"。后由英国皇家园艺协会接手举办，会址于1913年迁到现在的切尔西皇家医院花园。伊丽莎白二世作为英国皇家园艺学会的赞助人，她倾力推广切尔西花展的目的就是在于维护本民族的传统和文化，女王认为：有王室在，英国传统的生活方式便不会消亡……既然，这是一场连女王也来"凑热闹"的园艺盛会，其他的贵族与名流当然也会尾随而至。故而，自1913年起，该花展始终被认为是英国皇室成员、社会名流、政商精英以及上层社会的社交平台。

如今，历经百年的花展，已经不仅仅着眼于"炫耀"英国花园式的生活方式了。每年，来自世界各地的700余位园艺家和园林设计师在此展示他们的最新作品和设计理念。切尔西也从此跃升为了世界范围内的园艺设计、花园设计、花卉装饰和花卉新品的"前沿"展示台。

示范花园
可以搬回家的大师之作

图 / 文　兔白白

兔白白，园艺、美食爱好者和撰稿人。喜欢摄影、旅行，推崇花园生活方式，并创有微刊《花集——最园艺》。

切尔西花展（Chelsea Flower Show），作为世界最知名最盛大的园艺博览会，是所有园艺爱好者心目中的梦想。而我，做为一名园艺爱好者，终于在 2013 年，切尔西 100 周年时实现了多年以来的梦想。此届切尔西花展除了展示园艺流行趋势，最新的植物动态和园艺用品外，重头戏当然还有各种主题和规模的示范花园。对于参观者来说，很多花园效果是可以直接应用于私家花园的，到处都充满了可以直接搬回家的想法和细节。

2013 年切尔西花展中的示范花园共分为四大类：Show Gardens（展示花园）全部都是大师级设计师的作品；而 Artisan Gardens（工匠花园）希望设计师在面积不大的空间里通过对于材料和建造手法独具匠心的运用而达到出色的效果；

1

2

1. M&G基金公司设计的"Windows through time"，是此届花展展示花园（Show Garden）的金奖得主。
2. M&G基金公司设计的花园里面的植物配置。

Fresh Gardens（创新花园）对于设计师没有过多的约束和限制，鼓励他们在花园设计时突破常规思考，大胆利用新的材料达到创新的效果；而 Generation Gardens（时代花园）是为了庆祝切尔西一百年，通过花园的设计来展示花园和园艺在这 100 年间的变化。

　　M&G 基金公司设计的"Windows through time"赢得了 Show Garden 金奖，这个由本届花展赞助商设计的花园，为了庆祝切尔西百年，在花园中同时应用了流行和传统两种元素，以此向切尔西百年致敬。花园正中是由橡木和茅草搭建的凉亭，左侧的边缘以传统的砂石砖墙做为边界，最右侧区域前方是一个圆形镂空铁艺雕塑，当参观者站在圆形雕塑一侧时视线会透过植物自然地落到位于花园另一侧的传统砂石砖墙上，造成一种"透过现代看过去"的时光流逝感。设计师在花园边界还同时运用了一些铁艺小门，引发观众的联想，让人不由得产生出穿过这些小铁门，又会到达另外的"爱丽丝仙景"里的错觉。

3. 日式壁龛花园运用岩石、流水和植物营造的非常自然的花园景观。
4. 日式壁龛花园获得了花匠公园（Artisan Gardens）的最佳花园奖。

3

4

除去这些让人过目不忘的巧妙设计外，花园的植物配置更是给我留下相当深刻的印象。被小路分隔开的几个种植区域中，通过 19 世纪流行的灌木、传统的玫瑰、薰衣草、毛地黄和野生植物等的应用，显现出了略带英式乡村气的凌乱感，但同时有效的区域分隔和整体布局的设计又使花园呈现出整体的规划和整洁感。整座花园完全没有死角，无论参观者从哪个角度观看，都能勾勒出一幅完美的花园景观。给我最大启发的地方在于，虽然花园里大部分都是常见植物，但出色的应用达到了意想不到的效果，可见花园里不必充满奇珍异草，充分了解植物的特性，在种植时做好搭配才是出彩的真理。

在 Artisan Garden 中赢得最佳花园奖的 An Alcove (Tokonoma) Garden（日式壁龛花园）则是精致到令人惊诧。这个花园完美的运用了岩石、流水和植物本身的色彩打造了花园的自然景观，因为巧妙地运用了对角线，使得花园的感觉比实际大许多，让人仿佛置身于大型动画片中的场景，充满动感。设计师 Ishihara Kazuyuki 运用日式榻榻米，配以卷帘和花卉装饰，建造了花园中心的凉亭，期望可以以此来传达日本文化。据说在日本文化中人们喜欢和比较重要的人在这样的环境中进行交流。一如我对充满异国色彩的英式花园的热爱，东西方文化的差异令西方观众格外喜欢这个充满东方色彩的小花园，赞叹之声不绝于耳。

切尔西花展中的花园，不分大小，全部出自世界知名设计师之手，每个花园都能给人以启发和感悟，尽管已有 100 年之久的历史，但在保有传统的同时，又充满创新，这正是切尔西花展的魅力所在和长盛不衰的原因吧。

5

5. 以白色花卉为主的午夜花园。
6. 花园里的大场景令人着迷，但这些为花园增添趣味、生气的小品让人驻足。

6

Willkommen

BINGBING'S GARDEN
冰冰的院子
用热情浇灌的花园

图/文 玛格丽特

冰冰的院子我去过几次，每次都有变化和惊喜。独特而浪漫的地中
海挡墙，几块钱的多肉养成艺术品，满园的藤本月季、绣球、草花……
走进她的院子，你能感受到主人的热情如春风般迎面而来。

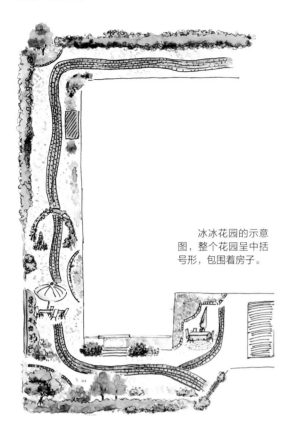

冰冰花园的示意图，整个花园呈中括号形，包围着房子。

走进花园

和冰冰认识很久了，她的院子和她的人一样，有时热情奔放，有时温和恬静。

房子是双拼的别墅，周围"["形的一圈便都是她的院子。院子的入口是一个爬满藤本月季的拱门，顶上正盛开着粉色的藤月'曙光'，深色的木门在它们的装饰下，便有了庭院深深的意境。

走进去，映入眼帘的便是冰冰特别布置的中岛区，深黄色围墙做背景，以荚蒾、红千层等灌木搭配爬藤的铁线莲为中心，周围布置一些应季的草花、观叶植物和多肉植物，别具特色。

最具特色的是中岛区后面那一面深黄色的挡墙，像是用黄色的泥土随意砌成的，有着浓郁的地中海风情。冰冰说，院子之前并没有这堵墙，因为院子的外面是一条小马路，即使有绿篱和铁栏杆，也能很容易看到对面的商品房墙壁上挂满的空调机。这样的背景，实在是太煞风景了，和院子的景观太不搭调，所以，纠结了很久，也参考了很多国外的杂志，又借鉴了一些国内花友的院子，2011年，这堵别具特色的

挡墙诞生了！围墙上几块带花纹的蓝色瓷砖是这堵墙的点睛之笔。因为它们，整个墙面立刻变得生动活泼起来，也更彰显了它的地中海风格。

紧靠挡墙，则设计了一个壁炉，款式是国外常见的真的可以烧烤的那种。壁炉上面是操作台，旁边有水池。壁炉因为用得比较少，成了摆设，如今台子上是多肉植物的天堂。

院子的围墙很长，开始全是栅栏和绿篱，显得单调，冰冰别出心裁地靠围墙边砌出坐凳和花坛，坐凳上面贴上防腐木条，可以坐下歇息，也可以摆上花草。以土黄色的墙做背景，对比很是鲜明！

院子地面铺装材料选择了黄色耐火砖，这是冰冰和邻居特地从东北淘来的，是旧厂房里拆下的旧砖，直接铺成小路，或者用来砌花坛，不用做旧处理，就有很自然的效果。

火砖的间隙还嵌上碎石子，景天的枝条看似不经意地蔓延开来，伸进砖缝里，就这么留着，是野趣的味道！

院子外面还有一排小花坛，紧靠着珊瑚绿篱，种着红色的月季、紫色的细叶美女樱、白色的钓钟柳，间或种着低矮的蔓长春花和花叶络石。一个有爱的、用心的种花人，她家的门口也一定有美丽的风景！

1. 花园入口的大门，铁质拱门上爬满了藤本月季'曙光'，非常柔和的浅粉色。还挂有别致的花园园灯和装饰品。
2. 进门就能见到的中岛区。
3. 两只宠物狗"大熊"和"小米"也是冰冰的家庭成员，冰冰打理园子，两只可爱的狗狗陪伴左右。
4. 铺地的耐火砖的间隙长满了景天，富有野趣。

认识主人

　　很多次，我们三五好友坐在"地中海"挡墙前面的桌椅边，品着冰冰沏的暖暖的山楂蜂蜜茶，吃着精致的点心，欣赏着院内花开花落，分享着彼此的故事。她对生活的热情，她的包容心，总是不经意地感染着我们。

　　"花园打理得井井有条的女人，一定是热爱生活的女人"，这话在冰冰身上体现得尤为贴切。绣球一朵朵肆意地盛开着；月季和铁线莲攀援而上，爬满了藤架和花房；多肉们不仅长得健壮，而且艺术范儿十足；花坛里自播的白晶菊、黄玛等草花争先恐后地绽放着自己的笑脸……花园里灿烂而美丽，只因有了冰冰这位对生活充满爱的主人。

　　在冰冰的眼里，生活就是这样的美好，无论是花园，还是家人，抑或是朋友，冰冰都用明媚的心对待。狗狗"大熊"和邻居家狗打架，被咬得骨裂，她每天送它去医院换药，常常抱着它悉心安慰。她说，狗狗和人一样，一旦受伤，心理也会受到伤害，甚至会因为一次的受伤而性情大变。在她的呵护下，大熊伤口长好了，而且性情也依然温和。

　　院子里有一个枫叶天品种'百年温哥华'，是她从国外带回来的，是非常稀有的品种，让花友们都非常惊艳，冰冰毫不吝啬地扦插、送人，再扦插、送人，如今她的'百年温哥华'已经绽放在很多花友的院子或阳台上了。她很开心，她说："分享是一种快乐！"

　　爱他人，也爱自己。冰冰经常会美容、按摩、护甲美甲；也会在家画画，或者去听评弹；也常会去国外度假。当然，她也会有不顺心、伤感的时候，每每此时，她就会对自己说："珍惜现在所拥有的，末日很快就过去，一切从头再来！"这便是她一直感染着我的地方！

Tips "立"墙的心得
　　地中海挡墙做起来其实很简单，砖头水泥砌成自己的想要的样子，然后直接刷外墙涂料。颜色比如冰冰院子这样的深黄色，其实还可以尝试着纯绿色或蓝色，搭配浅色的花草，或者挂满鲜花盛开的天竺葵，更有一番味道。

---

1. 地中海挡墙前的桌子上，摆满了各种多肉植物。
2. 一盆多肉搭配些小品，就是一个很特别的桌花。
3. 地中海挡墙前的水池，上面盛开的粉色天竺葵与挡墙的黄色形成对比，却又非常和谐。
4. 花园里的铁艺小品。
5. 一只常春藤出墙来。
6. 工具房外面的藤本月季'曙光'，爬满了整面墙。

Tips 主人种肉心得

· 还是要给肥，才会长得壮。
· 春夏和别的植物一样露天养护，正常浇水，除非大暴雨就搬回室内，一般淋些雨，也没有关系。
· 冬季停止浇水，保持干燥通风。部分的多肉可以户外过冬，比如宝石花、火祭、黄丽等，冻红了的肉肉们颜色更美！

1. 只是最普通的'白牡丹'，在花市一棵只需要几块钱，但是在冰冰手中三年后，却如同一件艺术品，意境深远。
2. 青蛙嘴形的陶罐里，宝石花和中华景天花开正艳。

花园里的植物

多肉

    冰冰种植多肉的时间并不长，但是种出来的多肉不但长得健壮，而且棵棵充满着灵性，艺术范儿十足，让很多老手们都望尘莫及。冰冰说这是因为自己和多肉有缘分。

    看了冰冰养的多肉，有一种强烈的感觉，养多肉其实不在于品种多名贵、多特别，只要有心，每一种肉肉都能变成艺术品，给我们带来无限的惊喜。将它们作为一个元素融进我们的院子，会让院子更加丰富多彩。

    多肉植物在冬季或夏季会休眠，因此在这两个季节水不能太大。多肉还可以搭配岩石、沙子等，形成各种多肉景观。因为怕冷，大部分地区多肉植物只能盆栽，不能直接种在院子里，因此为肉肉们配上合适的容器就非常重要。田园的红陶盆、复古的陶罐、铺上麻布的铁丝篮，甚至是一段枯木桩、一个画框，在冰冰的手里，配上不同的肉肉们，立刻就变成了气质非凡的艺术品。

1. 红背椒草的色彩非常迷人。
2. 茜之塔配合别致的花器，放在水龙头下形成粗犷与娇贵的对比，但风格却很搭。
3. 两个小矮人装饰的"皮鞋"里种的是'旭波之光'。
4. 种在深色粗砂陶罐里的这棵银波锦，是冰冰的"镇宅之宝"，每一朵都像是硕大的牡丹，"花瓣"微微蜷曲，披着迷蒙的白霜。这是最自然的艺术品，种肉多年的"法老"们见了都一个个慨叹不已。

其他植物

月季是冰冰花园里最抢眼的植物，种类也很多，'曙光'、'韩德尔'、'龙沙宝石'、'热情巧克力'……它们盛开的季节，是花园最热情奔放的时候。

1. 彩叶的常春藤和黄金络石，在萧瑟的秋冬季节，色彩依然非常鲜艳。花园的植物配置，不光需要各个季节开花的植物，也需要配置一些彩叶植物，四季才不会显得单调。
2. 藤本月季'韩德尔'，爬满了铁花架。
3. 几种天竺葵种在一起，非常艳丽，花期也很长。

1. 蓝雪花，它的大花球像绣球花一样，花期超长。
2. 普通的大花葱，密集开花也很美。
3. 深紫色的大花葱'角斗士'。
4. 红千层，可以长成高大的灌木，花形非常奇特，像极了"奶瓶刷"。
5. 开满花的粉色重瓣'玛格丽特'。
6. 宿根亚麻，按针形叶子非常柔美。春天顶端开蓝绿色小花，如同一颗颗闪亮的星星。
7. 薜荔，小小的花叶垂下来，非常飘逸。
8. 烟树，春天长出的嫩叶是红色的，到夏天逐渐变紫，花如同烟雾般轻灵，因而得名"烟树"。

ANEMONE CORONARIA
欧洲银莲花
妩媚又清新的双面娇娃

图/文 颜碧玉

欧洲银莲花是毛茛科银莲花属植物，原产地中海地区。花色非常丰富，红色的如同罂粟一般，妩媚的诱惑你；而白色的又有一些小清新，清爽怡人。不管你钟意什么样的风格，欧洲银莲花都能让你感受到。

欧洲银莲花红色品种也很多，大红的花瓣，黑色的花蕊，给人妩媚的感觉。

成片的白色欧洲银莲花，像一只只白色的蝴蝶翩翩起舞。

有一年跟着花友老谢团了好多球根，都有点搞混了，根本没注意到那个干瘪的中药块根样奇形怪状的东西就是欧洲银莲花。记得当时根据建议先把中药状块根泡在了湿的黄沙里，放在阳台阴凉处。过了两三天，中药块膨胀成了类似芋艿一样的球根，仔细看才能分辨出哪头是根、哪头是芽，然后根朝下种在了专门种植球根的泥炭土里，浇透水，就放院子里没管了。

没想到第二年的春天，伴着芹菜样叶子的生长，一朵花瓣大红色、花蕊黑紫色的美丽花儿开放了，当时的第一反应是"哇，太惊艳了！"像是见到了一个穿着纯色晚礼服、涂着烈焰红唇的美妇。花瓣是特别正的大红色，带着天鹅绒的质感，配上黑紫色的花蕊，色彩极端浓烈，却又如此炫目和高贵！

从此，欧洲银莲花变成了我每年秋冬季必种的品种。除了红色，我还种过其他颜色的品种，每一种颜色都能带来不一样的感受。红色给人感觉妖媚，而白色则恰恰相反，让人感觉非常清新可爱。因此种植欧洲银莲花，不管你是喜欢妖媚，还是钟意清新，都能让你体会得到。

欧洲银莲花学名 *Anemone coronaria*。相比郁金香，同是球根的欧洲银莲花在养护上还有不少的好处。

郁金香一个球基本只开一朵花，复球率也比较低，开花后要保证用足够的肥料养球，夏天保证不积水烂球，到第二年的春天，如果有 **50%** 的郁金香球开花就已经很不错了。所以基本每年我们都需要重买郁金香种球。

而欧洲银莲花，如果土壤疏松、生长期不间断地施肥，一个球上便能长出好多个花葶来，花期持续一个月左右，花开不断，一丛一丛的，搭配着底下绿色的芹菜样的叶子，非常好看。花后继续施肥正常管理，直到 6 月份地表茎叶全部枯萎了，将球放在阴凉干燥处，等秋天的时候再浇水补肥，让它开始新一轮的生长，第二年春天就会是更大更华丽的一丛了！注意：地栽最好要起球，特别是长江中下游地区高温多湿的夏季，让球根继续埋在土里非常容易腐烂；如果是盆栽，可以不起球。

林下草坪灌木边的群植，效果非常惊艳；也可以在岩石边，或者搭配其他的球根花卉和草花，组成花境。

Tips 种植方法

栽植前要用水或湿沙将块根浸泡1～2天，使其吸水膨大。种植时块根的尖头要向下，不能倒置。

盆土用园土3份，腐叶土和砻糠灰各1份，每盆用1把腐熟的堆肥或鸡粪。在口径20厘米的盆中可种3～5个球，栽植深度1.5厘米。栽植时间通常在9月下旬，气温低于20℃时进行。

种植后浇透水，放置在向阳处，约20天可长出新叶（冬季放大棚或温室内保持5℃以上可继续生长，并可形成花蕾，提早开花）。

浇水要控制，不要使盆土太潮，以防腐烂，可视湿度高低，一般约3天左右浇一次，若温度低更要少浇；肥料每半月施一次10%的饼肥水。

露地栽培，气温不低于-10℃即可安全越冬，来年开春，2月中旬前后开始生长，如能薄肥勤施，3月可开花。开花期间，每周施一次10%的饼肥水，可促进花芽不断形成，直至5月气温升高才逐步停止。

花后气温升高，老叶开始变黄，至6月叶片基本全部枯萎时，可将地下球根掘起，但不要立即分割，注意防止水淋，待充分凉晒干后，用竹篓等物装好放在干燥通风处储藏。盆栽的可连盆放干燥避雨处，停止浇水，直至9月再翻盆。

单花期约1周，花后7～10天种子即成熟，此时聚合果由青绿色变为灰黄色，果实手感松软，要及时采收，否则易随风散落。种子采后要晾干，放避雨通风处保存。采下即播，播后10～15天发芽，翌春可开花。

花语期待

它的花语源自希腊神话。相传欧洲银莲花是由花神芙洛拉（Flora）的嫉妒变来的。因为嫉妒阿莲莫莲（Anemone）和风神瑞比修斯恋情的芙洛拉，把阿莲莫莲变成了欧洲银莲花。也有另一种说法是，美神阿芙洛狄忒（Aphrodite）所爱的美少年阿多尼斯（Adonis），在狩猎时被野兽所杀，从他胸口中流出的鲜血，就变成了欧洲银莲花。

因此，欧洲银莲花是一种凄凉而寂寞的花。但是，人世间的凄凉则是，如果你所爱的人爱着别人……假如真的是这样，就不妨送他一束银莲花吧！只有懂得寂寞凄凉的人，才能理解别人的寂寞与凄凉。

资料链接

同属毛茛科(Ranunculaceae)银莲花属(*Anemone*)，包括欧洲银莲花在内的多年生和一年生草本植物都统称为银莲花。其花似为风所吹开，故又称"风花"(Windflower)、也称为"复活节花"(Pasqueflower)。银莲花广布于世界各地，最常见于北温带的林地、草甸和海拔1000～2000米的山地草坡。性喜凉爽、潮润、阳光充足的环境，较耐寒，忌高温多湿。喜湿润、排水良好的肥沃壤土。

瑞士的乡村民
居，每幢民居的窗台都
是鲜花盛开。在雨雾
中，宛若仙境一般。

作者在德国鲜花盛开的窗台前。

EUROPEAN WINDOWS
鲜花窗台
欧洲的 形象代言

图 / 文　唐云亭

　　去过欧洲的朋友，都会觉得欧洲美。2012年，我在德国度过了半年的留学时光，有幸也感受这种美。置身其中，我才发现，欧洲的美，是和花联系在一起的。

　　花，是欧洲人的奢侈品，同时也是生活必需品。不论是露天窗台，还是门庭花园，鲜花永远都是最好、最华丽的装饰品。他们种的花，给自己看，更是为了给别人看。这样，每个人走出家门，都能欣赏到别人家的花，美丽便无处不在。

　　我所在的学校位于一个叫做帕德伯恩的小镇上。透过我家的窗台，可以看到葱葱郁郁的树林、精致的欧式别墅，原以为那是富人区，朋友说德国普通人大多都能拥有这样的一套房子，中产阶级才是社会的主要阶层，贫富差距很小。

　　站在我家的阳台上，就能见到隔壁邻居的小院。从酷暑到寒冬，各种盆栽的、地栽的、垂吊的、我叫不出名儿的鲜花绿植，让小院总是生机盎然。而第一眼就吸引我的却是这个小院的窗台，各种颜色顺势垂下来的天竺葵恣意怒放，是这幢房子的焦点。

1

　　小院的主人是一位长着胡须、和蔼的德国老人。老人说，年轻时他是一名德国大兵，十分讨厌种植花草。可是，太太是一个很有生活情调的人，她一生最大的乐趣就是布置窗台，视花为友。几年前，太太去世了，自家的窗台也一度荒废，一人独处的寂寞岁月让他忽然很怀念曾经窗外的那片风景。于是，老人买来了太太生前最爱的花卉，开始用心经营那片小天地。一颗种子代表一个心愿、一份挂念，花开时节，老人说每一朵绽开的花都是一张灿烂的笑脸，每当看到那些笑脸，就如同看到自己的太太，温暖而愉悦。

2

　　原以为这样的风景是德国这个小镇上独有的风景，但是走出小镇才发现，这样的小院，这样的窗台，在欧洲的每个国家、每条街道，甚至是郊野民居，都随处可见。在德国哥廷根，房子大多都很古老，不论是石头堆砌，还是木质结构，年代都很久远，然而窗台斗艳的鲜花总会给这座古老的城市倍添活力，宛如历经沧桑的老者垂暮之年依旧风姿不减。我曾想，假如这里没有鲜花，没有春夏绿色、秋冬变红的爬山虎，这个城市，又会是什么样子？而最让我向往的还是瑞士乡村，在宁静而悠远的乡村，每一户人家的窗台也是鲜花盛开，而且孩子的玩具房、工具屋，都有鲜花装饰，到那里才发现，原来生活可以这样。

　　欧洲人就是这样痴迷于窗台景观，于他们而言，没有鲜花的窗台，就如同不修边幅的人一样。每每经过一户人家，窗台上颜色艳丽的鲜花在风中摇曳着，像一句句夹着花香的话语，向过往行人诉说着关于主人、关于小镇的一个又一个美丽的故事。聆听耳旁的一串串花语，你会觉得阳光也浸满花香。那一刻，你会不由自主地醉在花海里。

3

1. 瑞士一幢居民的窗台，上面种满了倒挂金钟。
2. 德国一家旅馆的窗台，繁花似锦，有天竺葵、悬崖菊等。
3. 欧洲常见的窗台装饰，花架的样式很别致。
4. 一层的窗台，不用安装花架，直接将花盆放在窗台上便可。
5. 一家餐厅的窗台，窗台上是种植花槽，可以将花种在里面，也可以将单盆的花直接放在里面。
6. 欧洲的办公楼，窗台上同样也是一年四季鲜花盛开。
7. 瑞士一家乡村民居，花无处不在，甚至小孩的玩具屋外面也有鲜花装饰。

Tips

　　欧洲人们用来装饰窗台的鲜花以天竺葵居多，除此之外，还有矮牵牛、常春藤等。走进德国任何一家超市，都不难找到出售花卉的区域，2欧元左右就可以买一盆花团锦簇的应季盆栽，一年四季都有鲜花供应。因而欧洲人对于鲜花的需求几乎是不中断的，他们窗台上摆的鲜花也很少是自己播种繁殖的，都是在超市直接购买的成品。

BEAUTIFUL WINDOWS BEAUTIFUL COMMUNITIES
美丽社区
从美丽窗台开始

文 赵芳儿 / 图 群英

志愿者：王智勇

志愿者：梁超（左）

志愿者：王静

活动蓄势起航

2013 年，在"美丽中国"蓝图的指引下，北京花卉协会向北京社区居发出倡议："为了使我们居住的环境更加美丽、空气更加清新，让我们从自家的窗台开始，种上鲜花，用花来装饰我们的窗台、美化我们的社区！"。"美丽社区，从美丽窗台开始"活动蓄势起航。

志愿者：王蓓（右）

志愿者：徐玲

志愿者：陈薇

1 2
3 4

Tips 国内窗台种植花卉推荐

相较居室内和露地，窗台上日晒高温、花盆里的土壤基质也少，对于花卉生长是很不利的。因此在窗台上种花，应该选择耐旱、耐日晒的种类。另外，还要选择长势下垂的花卉，这样花卉可以遮住花盆以及自己的茎秆，将最茂盛、最美丽的一面呈现出来。经过很多花友的实践，给大家推荐几种在我国大多数城市的窗台都适合种植的花卉。

1. 天竺葵

天竺葵生性健壮，很少发生病虫害；其适应性也强，各种土质均能生长，喜阳光，耐旱，怕积水。天竺葵的品种很多，窗台上应选择蔓生下垂的品种。

2. 美女樱

多年生草本植物，喜阳光、不耐阴、较耐寒、不耐旱，北方多作一年生草花栽培。在炎热夏季能正常开花，对土壤要求不严，但在疏松肥沃、较湿润的中性土壤能节节生根，生长健壮，开花繁茂。在上海等气候较温暖处能露地越冬。

3. 太阳花

别名半支莲等。1年生肉质草本，高10～15厘米。6～7月开花。园艺品种很多，有单瓣、半重瓣、重瓣之分。喜温暖、阳光充足而干燥的环境，极耐瘠薄，一般土壤都能适应，见阳光花开，生长期不必经常浇水。

4. 矮牵牛

喜阳光充足的环境，怕涝，夏季能耐35℃以上的高温，不耐霜冻。夏季高温季节，应在早、晚浇水，保持盆土湿润。但梅雨季节，雨水多，盆土过湿，茎叶容易徒长，对矮牵牛生长十分不利；花期雨水多，花朵易褪色或腐烂。盆土若长期积水，则烂根死亡，所以盆栽矮牵牛宜用疏松肥沃和排水良好的沙壤土。

2013年5月4日上午，"美丽社区，从美丽窗台开始"志愿者座谈会在北京世纪奥桥花卉中心咖啡吧举行。本次活动由北京花卉协会主办，《花园时光》编辑部组织。北京花卉协会副会长赵五一、《花园时光》策划编辑，以及来自北京的20多位志愿者聚集一堂，就如何美化自己的窗台，从而引导整个社区的美化，轻松座谈。

赵五一副会长首先向大家介绍这项活动的初衷：通过志愿者们的窗台美化示范，一花换来百花春，引导志愿者所在社区的窗台美化，从而美化社区，美化北京。

《花园时光》编辑部经过一个月的时间，通过微博招募此次活动的志愿者，从报名的100多人中，选中了20余名热爱园艺、能照顾好阳台花卉、窗台所处位置宣传效果好的志愿者。北京花卉协会免费为志愿者安装及提供花架、花苗、肥料，让志愿者们的窗台鲜花盛开。

志愿者们充分交流，讨论了包括如何保证安全、物业是否允许、花卉品种如何选择、花架如何安装等问题。活动将持续到今年10月，活动结束后会评选出北京最美窗台。这项活动还得到了雷力海藻肥的大力支持，每位参会的志愿者都获得了雷力花肥家庭园艺大礼包。

1. 活动现场花友们充分交流。
2. 北京花卉协会赵五一副会长（中）介绍活动的基本情况。
3. 志愿者们领取花盆、花卉以及土壤、肥料。

1 2 3

SMALL WATER FEATURES
轻松打造**活泼小水景**

图 / 文　嘉木

　　"庭院小，没有空间设计游泳池、喷泉、瀑布、小溪这样的水景"，谈到庭院水景，很多花友们都表现出这样的无奈。其实，没关系呀，有那么多可爱活泼的小水景可以选择呢。小水景不但可以满足你亲水的渴望，而且形式丰富，风格多样，操作方便，有些还能成为装饰品装饰庭院。还等什么，快快行动吧！

水是庭院景观中灵动的音符，它不仅可以让人观赏娱乐，还非常实用，可以调节庭院的气温、湿度，既有益于人的身体健康，也有助于庭院植物的生长，需要更换的水还可以用来浇灌花草……水，是庭院中不可缺少的元素。

面积小的庭园，不像大庭园可以设计游泳池、瀑布、跌水、喷泉等水景，但是真的不用因此而遗憾，因为有很多活泼可爱的小水景可以选择。

挖一个小水池，蓄一池清水，点缀少许石景，栽上几株荷花，配上一些水生植物，便能形成一个消暑降温的小水景。如果你嫌在地上挖水池做防水麻烦，也可以买一口陶水缸，将水缸埋在地里，水缸周边用卵石或者石块镶边，水缸里还可以种荷花、水草等植物，一处非常自然的水景就完成了。为使水景更为自然丰富，边缘还可选种一些千屈菜、花菖蒲、黄菖蒲、水葱、慈菇等水生植物。

如果不想挖水池，还可以选择水景小品。走进园林花卉市场，你会看到琳琅满目的水景小品，辘轳造型的、竹筒引水式的、磨盘状的、模仿瀑布或跌水的……灌上清水，插上电源，就能听到潺潺的流水声，要想这些小品与庭院融为一体，还可以在其中点缀铜钱草、浮萍等水生植物。

如果你还嫌这些小品麻烦，找一个木桶或水缸，栽上荷花、睡莲，或者菖蒲、水葱等也会达到同样效果。日式园林中，有的水景就用水缸盛满水，里面不种植水生植物，也能营造出非常特别的景观。

1. 水龙头，洗脸池作为水景小品，显得非常生动活泼。
2. 水池是庭院中常用的水景类型。如果觉得做防水麻烦，也可以用一口大缸埋在地下来代替。
3. 日式水景中，常用洗水钵来点景。
4. 青蛙的嘴作为出水口，非常生动。

5. 组合的水景，没有水流时也是很好的装饰品。
6. 水龙头水桶组合式的水景小品，水桶既可以作为水池，也能养水生植物。
7. 辘轳式的水景小品与庭院的装饰风格很搭。
8. 石臼水景，日式庭院中应用非常普遍。

Tips

　　容器栽水生植物，容器内的种植基质可以由腐叶土、有机肥和河沙组成，用1:1:1比例配成，并捣成稀泥进行种植。

　　如果选择栽植荷花，容器的高度一般为40～50厘米，直径为60～70厘米。种植的初期水分不宜过多，随着立叶的生长，应逐渐提高水面，水的深度应保持浮叶、立叶出水的原则。栽植荷花的容器最好放在背风向阳、水源方便之处，还要注意水温不能太低，否则荷花不能开放。

　　容器栽植水生植物形成的小水景中，植物的种类最好不要超过三种，否则会显得凌乱，也失去了自然的味道。

SUCCULENT COMPLEX
做个彻底的**多肉控**

如今，如果要在园艺植物中统计谁拥有粉丝最多，那么就非多肉莫属啦。多肉以它们超萌的形态、丰富的种类、简单的养护技术让园艺控们为之疯狂。

很多肉肉控都从认识多肉的种类开始入门，然后尝试种植一些多肉，为多肉们淘合适的盆器，再进阶到将多肉养出艺术范儿，最后收集新品种，成为一个彻底的多肉控。

午后的院子里，阳光正好，何不来个有多肉相伴的下午茶，也给这静谧的花园时光增添一丝醉人的清新风。

给多肉一个漂亮的"家"

文 / 图　小室多肉植物馆

谁说只有玫瑰代表浪漫，多肉也可以制造甜蜜的气氛。小小的铁盒中承载的是满满的情意，又能持久的栽种，有谁能拒绝这样温馨浪漫的礼物呢？

编织收物盒其实很适合养肉肉，既透气又透水，绝不用担心水浇多了闷到它们。不过这样的话浇水就要勤快些喽。

1

2

自从多肉植物涌入花卉市场，立刻引起广大花友的热捧，相信现在已经有许多花友都中了"肉毒"，深陷其中，不可自拔，过上了"无肉不欢"的日子。很多人喜欢多肉，或是因为他它们胖呼呼肉坨坨的厚叶子十分可爱，或是因为有些种类好似一朵盛开的莲花，又或是因为它们不需要每天浇水适合懒人栽种……现在，我要再给你一个喜欢多肉的理由，那就是用不同的花器搭配你的肉肉，为肉肉找个"漂亮的家"，营造出你专属的多肉小盆栽。

4

谁说水泥是冰冷的。当外表光滑、毫无修饰、坚硬的水泥盆器遇上了质地柔软、缤纷多彩的多肉植物，瞬间营造出一种外冷内热的独特效果，好似水泥的坚硬只为保护多肉柔软娇嫩的叶子。

3

谁说多肉只能小清新？古色古香的紫砂盆器，搭配精致小巧的多肉，瞬间营造出复古的韵味。

6

陶瓷是常见的花器，
当它们遇到多肉，又会产
生什么样的效果呢？快来
欣赏吧！

多肉搬家记

文／图　小室多肉植物馆

1. 材料准备：水壶、桶铲、铺面植料、
   装饰石、植料、镊子、容器、待换盆
   的肉肉。
2. 用手轻轻地旋转着捏两下盆，以便植
   料和花盆之间产生空隙；将盆稍稍倾
   斜，把植物轻轻地带植料取出。
3. 图为完整地将植物和包裹住根部的植
   料取出的状态。
4. 换入的容器要大于之前的容器，以便
   有足够的空间让肉肉更好地生长。
5. 在要换入的花盆底铺上一层底网。
6. 在换入的容器里先倒入少量植料。
7. 将多肉植株带植料放入盆中，周边的
   空隙用植料填满。然后铺上自己喜欢
   的装饰物，如石子等。
8. 浇上压根水，就完成了。

5

这一组手制陶盆是我特别钟爱的。设计上追求简单自然，没有过分的装
饰，每一个都是独一无二，都有自己独特的韵味。虽然外形上各有不同，但
排成一列却又是如此风格统一、气质非凡，叫人怎能不去偏爱。

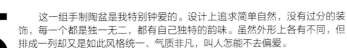

肉肉也能种出艺术范儿

文 赵梦欣 / 图 西萍园艺

　　"萌"、"可爱"往往是肉肉们让人爱上它们的必杀技，但其实，肉肉的魅力远不止如此。在第十五届中国国际花卉园艺展上，我在"西萍园艺"的展位上，就见识到了肉肉们的另一面——艺术范儿。肉肉们配上个性特别的花盆，仪态万千。有的如飞天仙女，有的如垂暮老者，有的憨态可掬，有的千娇百媚……于是，我彻底为它们转身，从"路人"变成了它们的粉丝。

　　听"西萍园艺"的小姑娘说，这些艺术范儿十足的肉肉都是日本设计师的作品。设计师们根据每棵多肉的姿态，为它们选择合适的盆器，因势利导，长成宛若天成的艺术品。也就是说，每一棵的肉肉都具有它的范儿，关键在于，爱肉人是否有一双发现美的眼睛。

　　要打造出肉肉的艺术范儿，盆器绝对是不可缺少的关键。首先是色彩，要与肉肉本身的色彩协调，可以是同一个色系，也可以选择带灰分的、做旧的颜色，这样能提升肉肉的艺术感。盆器的形状、大小，也要依据肉肉的形态，枝条长的、下垂的，可以选择高一些的筒状花盆，这样能尽情展示出肉肉们飘逸的姿态；球状的、较矮的肉肉则可以选择浅一些的盆器，不至于让盆器喧宾夺主。

　　至于肉的品种，还真没有特别的要求，不一定非是名贵的品种。每个品种，只要你有心，都能挖掘出它艺术的一面。

　　当然，要想肉肉们有艺术范儿，年龄大的比年龄小的更有优势，当一棵肉肉已经有八到十岁的年龄，搭配任何花盆，都会是一件艺术品。

看软陶与多肉的美丽邂逅

图 / 文　晓兰

　　软陶工艺近来非常流行，当软陶遇上多肉，会擦出什么样的火花呢？

1. 材料工具。

　　烤箱、软陶（半透明红、黄、白；绿色；深紫色；白色）、笔刀、塑形工具、亚克力板，眼影（或腮红）棉签。

2. 取紫红色 + 白色软陶揉在一起，搓成球。

3. 用亚克力板压住软陶左右，压滚成一个圆柱形（一边较粗）。

4. 将圆柱立起来，用亚克力板把两端压平。

5. 用指肚在圆柱一侧压出一个浅坑来，进烤箱（根据软陶和烤箱的不同，温度也不一样）这里是 120 ～ 130℃ 烤 20 分钟。

6. 花盆烤好后调几种大地色的软陶，像图右边几种。

7. 搓成小球，将花盆的浅坑填满。

8. 叶子的部分。

　　左起颜色：半透明红 + 少量半透明白；

　　半透明红 + 半透明白；

　　少量半透明红 + 半透明白 + 少量半透明黄；

　　半透明白 + 少量绿色 + 少量半透明黄。

9. 搓成长条，用笔刀切成 N 等份，大小如图示。

10. 绿色搓成胡萝卜形，其他颜色从浅到深搓成球压扁。

11. 依次贴到绿色较粗的一端，用手指捻动使颜色更贴合、渐变看起来就更自然。

12. 放到做好的盆子里，用塑形工具把根部压实。

13. 其他叶子的方法同上，最下层 5 ～ 6 片叶子就可以。

14. 叶子的排放穿插缝隙来，不要太有规律。然后放进烤箱，烤半透明颜色的时候温度要低一些（低 10 ～ 20℃ 左右）半透明的软陶比普通软陶容易焦。

15. 烤好之后用眼影或者腮红，用棉签蘸取，轻轻涂抹在叶子顶部，渐变效果就更好了。

16. 这样我们的一盆迷你多肉植物就完成了。怎么样，很简单吧！快来动手制作一盆属于你的软陶多肉吧！

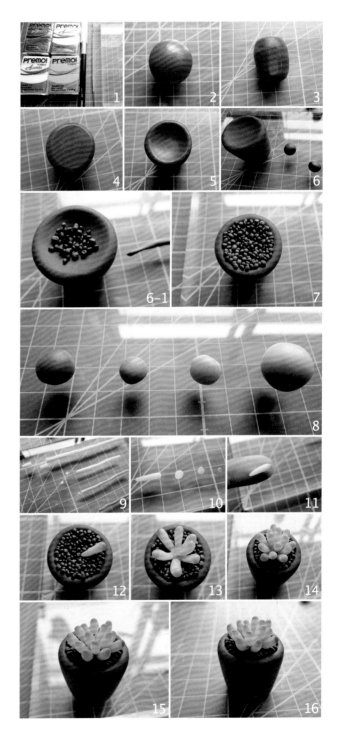

小阳台上的多肉乐园

文 / 图　爱肉肉滴黄帮主

如果你和我一样，是一名多肉植物的铁杆粉丝，经过多年的收藏加照顾，有了一群可爱的肉肉们，那么在家里你会怎样摆放它们呢？

如果你和我一样，拥有一个精致小巧的阳台，你会偶尔来这里望望风景放松心情，在这里享受午后的惬意，那你会怎样来装扮它呢？

如果你和我一样，幸运地同时拥有这二者，那何不让它们来场美丽的邂逅呢？

其实我的这个小阳台就只有两平米多，实际可利用的空间实在不多，不好摆很多花草，但是又不想让它"秃秃"的，于是想来想去，觉得这种迷你的阳台刚好和小小的多肉身材最匹配，所以，就让它们在这里来个邂逅吧！

空间实在有限，所以最好的方法就是利用花架，立体布局。布置的时候也没有具体定要设计成什么风格，反正就是各种铁艺、木艺的花架一齐上阵，高高低低的把小阳台的边上都占满。后来还是觉得不够过瘾，又打起了墙的主意，在墙上装了几个铁艺小花架，让整个小阳台看起来满满的。

花架装好就开始摆放多肉们啦。它们被一排排地安置在花架上，远远望去错落有致，虽不整齐但也不显凌乱，再加上杂货点缀，还真有点"小清新杂货铺风"呢。

俗话说"人靠衣装马靠鞍"。虽然肉肉们已经非常招人

喜爱了，但还要通过不同的花盆来装饰，才能使肉肉们看起来更加精神，也使阳台更加迷人。经过和各类配器的搭配，每一盆肉肉都是一件艺术品，而众多的多肉艺术品摆放在一起又营造出了一个温馨惬意的多肉植物专属小阳台。

有人说，种花就是种心情。如果你和我一样，幸运地同时拥有一群肉肉，还有一个小阳台，那何不让它们来场美丽的邂逅，也让自己的心情和温暖阳光来次午后的邂逅。

AIRPLANT
空气凤梨
懒人的绿色新宠

文 沉香 / 图 沉香 aaalxz 金主 挞挞

如果你和我一样是个"小懒人"，如果你和我一样又是一位狂热的园艺爱好者，如果你和我一样苦恼于从我们手中接连"仙去"的花花草草却束手无策，不妨试试养一养空气凤梨。因为它们真的就是为了我们这些懒人而存在的绿色宠物。

Tillandsia andreana

Tillandsia ionantha 'Ron'

Tillandsia ionantha 'Apretado'

Tillandsia streptophylla 'Guat'

Tillandsia seleriana 'Sale'

在城市的"钢筋水泥"里生活久了的人，一定会对自然界的花花草草充满向往，我就是这样的。刚工作那会儿，我一口气买了5盆小花，把它们摆在窗台，期待着这些绿色的小家伙们给家带来点自然味儿。可由于工作经常加班顾不上浇水，或者有时一鼓作气"一次浇个够"，再或者连着几天没有打开窗户通风……一段时间过后，小花们接连"仙去"，这对我来说是很大的打击，也让我这个"懒人"对养花失去了信心。

一次偶然的机会，我在朋友家初次见到了一种叫"空气凤梨"的神奇植物。说神奇，是因为它们完全不需要土就能存活！我一下子就迷上了这些小家伙们。它们不仅外观个性十足，对生长条件也不严格挑剔，又很适合加入个人创意来DIY，绝对是懒人的绝佳绿色宠儿！

时间不经意地划过，转眼间，玩空气凤梨已经有几年的时间了，对它们的爱也愈发不可收拾。如果你也是像我这样的爱花懒人，不妨随我走进空凤的世界。

空气凤梨是凤梨科铁兰属多年生气生、附生草本植物，它们主要分布在美洲，从美国东部的维吉尼亚州横穿过墨西哥到中美洲，一直延伸到阿根廷的南部，而大部分的品种来自拉丁美洲。这广大的分布范围，显示出空气凤梨强大的适应能力。许多种类是栖息在沼泽区、热带雨林区、雾林区，还有一些种类生存在干旱高热的沙漠、岩石上、树木（或是在仙人掌）上、电线杆上、半空中的电线上、岩石上等。

既然是生长在空气中的植物，那么它们是怎么样吸收水分的呢？如果你手上有空气凤梨，会很容易发现植株又干又白，这不是植物本身出现了问题，那些又干又白的绒毛正是它们吸收水分的气孔。当植物在干燥的环境或者缺水的状态

有些空气凤梨小小的，看上去孤零零的，花友们可能会比较疑惑，要怎么样摆放在家里才能更加好看呢？请先看看上面和右边图中其他花友是如何摆放的吧！

看到这些美美的空凤小景，是不是很心动啊。其实只要掌握基本的造型方法，花友们是可以自己尝试营造其他空凤小景的。常用的工具就是细铝丝，树枝，还有热熔胶。需要注意的就是用热熔胶时不要直接黏到植物根部，以免影响后续生长。

下绒毛会显现得更加明显。

根据空气凤梨每个品种上的绒毛与叶子的不同，我们也可以将空气凤梨分为银叶系、绿叶系与硬叶系。

银叶系：叶面布满鳞片，外观呈银白至绿灰色。

绿叶系：叶面光滑无鳞片，叶片柔软会自然下垂。

硬叶系：叶片坚硬

空凤进入中国市场已经有几年了，但是由于养空凤的人相对不多，所以空凤还没有像蝴蝶兰、多肉植物那样普遍。不过，国内已经有许多资深空凤花友了。

由于空气凤梨植物引进国内的时间不长，所以植物的名字还没有一定的规范叫法。因为它们可以完全生活在空气中，不需要泥土，不需要水培，不需要特别的照顾就能生长，并能有艳丽的花朵，所以叫空气凤梨是恰当的妙。但是品种名称翻译得就比较混乱了，最准确的应该是它们的拉丁名。所以这里只能把明确的拉丁名告诉大家，至于中文名，还没有明确的叫法。

而有一些种类，是人工选育或杂交培育的品种，并不是原生种，例如我们介绍的大部分空凤，这时要在拉丁名后边加上品种名，品种名要加单引号且为正体字母，例如：*Tillandsia ionantha* 'Conehead'。

Tillandsia praschekii

T. 'Awesome Amber'
(*T. rothii* × *T.concolor*)

T. 'Blushing Giant'
(*T. streptophylla* × *T. seleriana*)

T. andreana

T. 'Precious Paige'

T. punctulata

T. 'Bacchus'

T. tectorum

T. ionantha 'Mexico'

T. mauryana

T. ionantha 'Hand Grenade'

T. fuchsii var. *stephanii*

TABLE FLOWERS
夏日清凉主义**桌花**

文 万宏 / 图 花艺在线

用插花表现夏日的清凉，要么通过色彩来实现，要么通过花材来表达，当然，还有器皿。当这些元素协调地融合在一起，会带给您怎样的清凉？中国插花花艺大师万宏为您倾情呈现。

万宏，中国第一批获得了日本池坊花道正一级教授资格认证的花艺大师，精通欧式、美式花艺设计以及东方插花。曾经为著名演员孙俪、董璇、李小璐等设计婚礼花艺。他与花艺在线合作新著的书籍——《实用花艺色彩》，是国内第一本讲述花艺色彩的书籍。

海洋风格桌花

这款具有典型海洋风格的蓝色系桌花，作品选用了两种不同深浅的蓝色绣球搭配白玫瑰，加上白色石子和透亮的蓝色亚克力水晶块，给人以清爽质之感，又巧妙地点缀了一些咖啡色系的海螺、贝壳、海星之类的海洋元素，更突显了海洋的生机盎然。水清沙白，仿佛来到了马尔代夫的水下世界，炎热的气闷一扫而空。

制作说明
---

1. 取一大一小两个圆柱形透明玻璃容器，将小的容器靠边放入大容器中，在小的容器中加入一层白石子，在两个容器间隔的位置中加入弯曲的蓝色铝线、蓝色亚克力水晶块，并注入清水。
2. 依次将两种不同颜色的绣球花与白玫瑰插入两容器间隔的清水中，保证花材都吃到水，注意浅蓝色绣球的比例要大于蓝色绣球。
3. 在贝壳的内侧用热熔胶枪粘贴上细铁丝，再将细铁丝插入到玫瑰花茎中，剪取合适的长度将贝壳插入作品中。
4. 在小容器的白色石子上放入两个干燥的海星，完成作品。

花材
蓝色绣球、浅蓝色绣球、白玫瑰（雪山）。
资材
贝壳、白色石子、蓝色亚克力水晶块、蓝色铝线、一大一小两个圆柱形玻璃花器。

家居蔬果桌花

　　在花艺的创作中，往往会选取生活中常用到的材料，蔬果就是其中使用最为广泛的材料。绿色是大多数植物所拥有的颜色，是一个很好的背景色，与任何颜色搭配都会非常协调。作品中暗绿色的西兰花与淡黄色小蝴蝶兰的搭配，给人既平和又明亮的感觉，同时铁线蕨的加入更是在造型上与黄色的跳跃感相呼应，从而使作品表现出轻盈活泼的小清新感觉。在炎炎夏日，这款简洁大方的桌花一定会让你备感清爽。

制作说明

1. 将整颗的西兰花掰成一小枝一小枝，底部插入牙签，再涂抹上鲜花胶后插入球形花泥中。
2. 将兰花水管加入清水，将铁丝弯成"U"形，放于水管的一侧用绿胶带缠紧后插入西兰花花球上空隙的位置。
3. 将淡黄色的蝴蝶兰花朵剪下插入兰花水管中。
4. 剪下几枝铁线蕨的枝条，除去多余的叶子，从西兰花花球的空隙中插入花泥，装入盘中，完成作品。

花材

淡黄色蝴蝶兰、铁线蕨、西兰花。

GARDEN HOTELS IN BALI
巴厘岛的**花园酒店**之旅

图/文 李淑绮

　　听闻中的巴厘岛，是一个美丽的小岛，碧海蓝天，热带风光。身临其境的巴厘岛，不仅美丽，而且舒适、宁静，绿树花海之中，是放松身心、休闲度假的极佳所在。4月中旬，有机会到巴厘岛小住几天，充分领略了其美、其静、其艳、其香。

Mulia酒店的庭院景观俯瞰图。

小姑娘正在巧手编制佛前供花。

去之前，从网上搜到不少去巴厘岛的攻略，其中有这样的一条评价："一流的酒店，二流的服务，三流的景点。"巴厘岛之行，对此评价有了切身体会。一流的酒店真是名不虚传，如今回忆起在巴厘岛最美的景色，印象最深的竟然真是入住过的三家酒店，那是如花园般美好的酒店。

巴厘岛的酒店，其风光宛若自然天成，不知是无与伦比的天然美景造就其上佳的酒店环境，还是其美不胜收、设计精致的酒店成就了巴厘岛之美，总之就在相辅相成中，巴厘岛成为了一颗光芒四射的海上明珠。

来到阿雅娜温泉度假酒店时，已是夜里，从旅游大巴下来，扑面而来的是淡淡的花香以及迎接侍者递上的一串美丽的鸡蛋花花环。美好的旅程就从淡雅迷人的鸡蛋花开始啦。

虽是深夜，幽静的酒店大堂还是有不少服务人员在等待为来宾服务，一进入大堂，侍者就递上清凉的鲜果饮料和毛巾为宾客消去暑热，讲着流利中文的服务人员介绍着酒店的情况。大堂是四周通透的，虽然因天已黑看不清周边精致，但空气中飘散的鸡蛋花花香、四周近处看到蝴蝶兰、石斛兰等盆栽花卉以及厅堂中的热带花卉插花，颇能让人一扫疲惫，心情格外舒畅。

走进房间，空调早已打开，清凉的空气将暑热的感觉彻底赶走。圆桌上的蛇皮果、茶几上的白色蝴蝶兰在欢迎着新的客人。一段旅程的疲劳在这里得到彻底的缓解。

第二天清晨在淙淙流水声中醒来，拉开窗帘，透过阳台，眼前是绿树荫荫，清泉欢快地在石间奔流，一个小亭就那样悄悄然立在远处的大石上，好一幅自在天然的精致。离开房间沿林荫小路前行，两侧是龙血树、椰子树等热带树木，穿

1. 用多肉植物装饰厅堂是Mulia酒店的一大特色。
2. 凤梨在岩石间恣意生长，一派热带风光。
3. 用精巧的水系景观连接起各个厅堂，自然而雅致。
4. 精致水景是巴厘岛酒店不可缺少的庭院景观。

温馨提示

　　巴厘岛全年都为热带气候，平均温度在30℃左右。全年只分为两个季节：雨季和旱季。旱季从4月到9月，雨季从10月至翌年3月。因此每年的5月到8月是巴厘岛一年中最好的旅游月份。酒店可以从网上提前定好。在旺季对于一些热门的酒店最好至少提前3个月预定。比如说阿雅娜温泉度假酒店这种性价比比较高的酒店就需要提早预定。

过天然绿篱，步上一处高台，恍然间竟迷失在美景之中：天地尽头蓝蓝的天空下是广阔无垠的大海，身边则是红艳艳的叶子花恣然怒放着，点缀着台阶边的石壁；走上中央洁净的石道，两边是粗犷而不失旖旎、造型奔放的"沙漠玫瑰"，与各类石雕作品相得益彰。道路两侧通过水景连接了休息的亭子，水生蕉类植物俏生生地立在碧水之中，绿叶红花，格外的清丽。在那开满花的鸡蛋花树下，是一丛丛开得灿烂的草花，似要与鸡蛋花争艳呢。走过花径，清澈见底的泳池，与海天一色，洁净无比。随便你坐在哪里，眼前都是赏心悦目的美景，周身环绕的是淡淡的花香，仙境也不过如此吧！

　　如此的环境，连小猴子也喜好不已，不舍离开呢。从亲水餐吧到房间的路上，竟然还巧遇了一只猴妈妈带着它的小孩居住在树间，见到客人手里拿着香蕉，实在忍不住下来想要抢上一个呢，大家都很惊喜，赶忙将手里的香蕉全部"奉上"。和谐的生态环境，也是阿雅娜酒店的一大特色哦。

　　其实，在巴厘岛，阿雅娜最为著名的是其在海边悬崖上建立的酒吧，甚至吸引了很多非酒店住客也慕名而来。在紧倚悬崖、被浩瀚的印度洋碧波环绕着的露天酒吧可以欣赏到

最美的落日景色，还可以伴随水涛拍岸之声，在细碎洁白的浪花中品着醇酒饮料，静享人生的美好。

巴厘岛之行，有一处酒店之行不得不提，那就是皇家彼特·曼哈酒店(Royal Pita Maha Hotel)，我们在这里没有住宿，只是做短暂停留喝了下午茶。大巴车不能进入酒店景区，我们沿一条"绿色通道"进入景区。两边高大的棕榈类植物遮住了明亮的太阳光，下层的植被中经常可见虾衣花、金脉爵床等开花植物。进入酒店，仿若是步入了一片树林，经过人工的修葺变得易于通行一般，其令人舒适的纯自然环境美不可言。在这里，无论走到哪里都有鲜花绿树相伴，且不说庭院通路上的园林景致，在厅堂也是随处可见热带花卉插花，即使在电梯旁，有精美的民族风格雕刻上，也会有一朵红色的扶桑花置于其上，让人感觉酒店简直就是个鲜花之岛。

据说，这里是皇家人员经营的酒店，建造在绿山环抱的山谷之中，梯田景观、河谷、热带森林成就了酒店的与众不同，酒店充分展示了巴厘岛独有的文化特色，并与周边自然景观融为一体。坐在酒店3层的茶餐厅，品着精美的茶点，面向远山深谷，心情美妙至极。

离开巴厘岛的前夜，我们入住的是一家新建成的酒店——Mulia酒店，这是由当地华侨开办的酒店，大气奢华，这里最为著名的是其海边沙滩，被当地人称为"沙滩酒店"。酒店面积很大，但整体设计十分规整，仿佛是在一个园林花园里，有一座宫殿。站在大堂望去，对称式园林设计的大花园与天边沙滩融为一体，让人颇为震撼。酒店内的设计十分重视细节，从花草摆放设计中可见一斑；除了绿色植物，多肉植物和蝴蝶兰是酒店选用最多的花卉。民族感强烈的雕像前有一篮多肉植物，将其雕像质感发挥得淋漓尽致；而白色蝴蝶兰实在是大堂和餐厅的主角，演绎的则是热带风情。在这样的环境里，如何不让人沉醉。

其实，此次巴厘岛之行，最想告诉想去巴厘岛的朋友的就是，选择一个环境优美的海边酒店，在那里静静地住上几天，哪里都不用去，因为，酒店本身就是一个非常好的景区了。在这里会让你的身心得到最舒展的放松，感官得到最美妙的享受，足以让你领略到巴厘岛真正的美。

FLOWER POT
爱上时尚的它
新奇花盆大搜索

图 / 文　晓群

　　盆器之于花卉，如同衣服之于人。盆器既要漂亮，也要让住在里面的植物感觉到舒服。以前，这样的两全其美可是极难的；如今，这样的盆器市场上不仅不稀罕，还有很多我们想都想不到的"款"。比如，在第十五届上海国际园艺展上，不仅有造型新奇的，也有功能更人性化的，有的甚至还将高科技引入花盆的设计中，让人不禁爱由心生。

1

　　这个系列的花盆其实由两部分组成：上面的花盆和下面的花架。这样的设计让花盆的使用更加灵活：需要装饰的位置高一点时，可以带花架放置，而撤下花架，花盆可以直接放在案头。

2

　　目前市场上的系列花盆很多，但这款系列花盆有的可以作为插花瓶，有的可以作为盆栽花盆，用途虽不同，但风格统一。

一直犯愁怎么用绿植装饰墙面。这两款花盆，解决了我多年来的难题，布袋子非常轻松休闲，不想装花时，还可以作为收纳袋。

这款小巧别致的花盆，最讨小朋友的喜欢，因为它们的肚子上有一个时钟。如果你不喜欢时钟，还可以将它抠下来，换上你喜欢的卡通人物形象，如多啦A梦等。

见到"乐株砻"系列花盆的第一眼，也许你会和我一样诧异：除了显得高档一点，没什么特别的呀？请再仔细看看，花盆中是不是立着一个像温度计的东东，对，玄妙就在于此。

"乐株砻"花盆里面有两层，下面是储水层，上面是种植层，那个像温度计的东西其实就是插在储水层中，测量储水高度的刻度表，因此，是否需要给植物浇水，看看这个刻度表就可以了。储水层不直接和土壤接触，因此不会让植物根系处于水涝之中；因为蒸发作用，又能保证土壤湿润，所以非常有利于植物的生长。

这款花盆其实也是一个加湿器，在干燥的北方特别适用，加湿器的雾气还有利于花卉的生长。

NNING WITH FLOWERFALL
常州花鸟园
花香与美食共享

图/文　颜碧玉

乍听"花鸟园"这个名字，还以为真的是一个有花有鸟的花园，后来才听朋友说，这是中国第一家真正的花园餐厅，是吃饭的地方。

常州花鸟园餐厅里的花瀑。

1. 坐在餐厅里，上面是由花瀑组成的天花板，自然心情舒爽，"吃嘛嘛香"。
2. 垂吊的鲜花品种很多，有的垂下的长度可达5米。

花园餐厅，说实话我去过很多家，很多因为是位于庭院里，因而得名，但是去了"花鸟园"才知道，原来，花园餐厅是这样的。餐厅的上方，成千上百的花球从顶上垂下来，让人叹为观止，6000 平方米的餐厅宛若世外桃源一般。

花鸟园一年四季的植物有几千种，倒挂金钟、海角樱草、球根秋海棠、非洲凤仙、秋海棠、垂吊天竺葵，各种改良过的吊竹梅、补血草、蔓长春花、多肉的弦月佛珠等等，很多都是国内其他地方见不到的品种。垂吊鲜花可达 5 米，垂吊观叶植物可达 10 米，垂吊重量可达到 50 千克，鲜花 3 ～ 5 年间开不败，一年四季均保持花期。

花鸟园生态餐厅由花鸟园环境工程（常州）有限公司和日本花鸟园株式会社共同投资建造的，这也是除日本之外的唯一一家花鸟园。如今，日本的工程师们还定期来常州进行花鸟园的维护指导。

如此美景当然也需要现代化的设备和技术。餐厅其实是一个大温室。这个温室可不一般，采用的是世界首创的中空

三层壁面、两层结构智能温室，还配有先进的节能减排地下水循环空调系统以及新型多功能隔热透明涂料 ATO 高科技遮阳，用餐区域温度、湿度按照最适合人体健康的条件设置……嘿嘿，是不是有点晕，确实，太专业，我也不懂，反正是非常先进，因而这些鲜花、植物才能如此美丽地绽放自己。

餐厅外还有一个养着几万尾观赏鱼、莲花盛开的大池塘，小朋友可以喂食。园内还有一个百鸟园，养着多种天鹅、鸳鸯等多种珍稀鸟类，可以跟它们合影、喂食。孩子们非常喜欢。

至于菜么，价格走的是高端路线，但是味道并没有特殊之处。

虽然菜价很高，味道也很家常，但是餐厅里却是座无虚席。很多朋友都说，来这里，图的就是环境。确实，现在人们生活水平高了，就餐对环境的要求越来越高，坐在这样花丛中就餐，心情好，食欲也自然好。而且，这里有很多令小朋友们着迷的东东，可以喂鱼、和小动物合影、闻闻花香、认认植物，带孩子来这里吃饭，大人们会非常省心。

听说，花鸟园有计划将这样的餐厅开到其他城市去，真希望不久的将来，无论我们走到哪里，都有这样的花园餐厅在那里静静地等候。

资料链接

花鸟园最早始于日本，常州的这个花鸟园，便是和日本合作建立的。迄今为止，日本专家还是会定期来指导维护。现在日本有好几个各有特色的花鸟园。

静冈花鸟园

花鸟园的创业园位于日本静冈县挂川市。它是在16世纪80年代当地加茂家的庄屋门前扩建而来的约1公顷的花菖蒲园。花菖蒲园是在1957年开园的，园内培植了1500个品种、100万株花菖蒲。作为日本具有代表性的花菖蒲园，可以品尝到加茂家作为村长的江户时代的传统料理，还可以亲自动手培植本园独立育种改良过的日本樱草、绣球花、苦苣苔等植物。

富士花鸟园

1992年在日本静冈县富士宫市开园。它位于富士山脚下900米处的高原地带，占地约为10公顷，由以雄伟的富士山为背景的8000平米的温室构成。园内有球根秋海棠、四季海棠、木立性海棠等约1200多个品种的秋海棠，还有原产于南美安第斯山脉的倒挂金钟1000多个品种。另外，园内还饲养了40个品种的200多只猫头鹰供游客观赏。

松江花鸟园

于2001年在日本岛根县松江市开园。在总面积32公顷的用地上建成了面积约为6公顷的松江花鸟园，它充分利用了丘陵地带的地形，建造的温室巧妙地融于自然中。以两个鸟类的温室为主，园内各处分布着90种、约800余只鸟，游客可以与它们进行亲密地接触。花的展示温室的主屋约8000平方米，这里主要展示着约1200个品种的秋海棠，500个品种约1万株的倒挂金钟，另外，还有全年盛开的曼陀罗，彩叶草，天竺葵等。

挂川花鸟园

于2003年在日本静冈县挂川市开园。它是以"与生物共生，心灵相通"为主题，在占地10公顷的用地上，建造的7000平方米的大温室。这里培植着以热带睡莲何氏凤仙为主的植物，放养着鹦哥、巨嘴鸟、猫头鹰等共计120多种的鸟类。空调设施完善的玻璃温室冬暖夏凉，人们可以在悬挂着的怒放的花下边赏花边愉悦地用餐。

神户花鸟园

于2006年在日本兵库县神户市开园。在占地29000平方米的用地上建造了16000平方米的温室。园内培植着约70个品种的热带睡莲，约300个品种秋海棠，700个品种倒挂金钟等植物，放养着巨嘴鸟、猫头鹰、好望角企鹅、鸳鸯、锦鸡等70种约700只鸟类。此外，在空调设施完善平整没有阶差的地面上，轮椅、育婴车等都可以轻松通过，被认为是残疾人的福祉而受到广泛关注。

位于常州武进的这个花鸟园，便是和日本合作的。迄今为止，日本专家还是定期来做维护。

每个垂吊的花球，都像倾泻而下的花瀑，垂吊观叶植物可达10米。

常州花鸟园花园餐厅上方悬挂的植物种类很多，有常年开花的天竺葵、海棠，也有各种培育出的美丽新品吊竹梅，还有马蹄金、弦月佛珠、常春藤，以及一些叫不出名字的新品等等。吃饭的时候，偶然会有花瓣飘落下来，非常有意境。

VEGETABLE SPROUTS
无公害的活体蔬菜——芽苗菜 图/文 花露水

芽苗菜生长周期短，培育简单方便，而且不受季节环境的限制，无论冬天夏天，还是室内室外，想吃时可以随时动手。而且最关键的是，芽苗菜没有农药，是最健康的叶菜，这对于有宝宝的家庭尤其必要。

萝卜苗

萝卜苗除了含丰富的蛋白质、糖分以外，维生素A的含量也极高，是白菜的10倍左右，比菠菜维生素A含量高60%。还含有铁、钙、磷、钾等矿物质以及淀粉分解酶和纤维素。

萝卜苗性微凉味甘，食用能起到爽口、顺气、助消化的作用。生食、熟食均可，凉拌、涮、炒皆宜，是美味的保健食品。

种植过程

1. 选种　取适量种子，放入容器中用水浸泡，浮在水面上的为坏种，沉在底部的为健康种子。将容器中浮在水面的坏种子与水一起倒掉，留下健康种子。

2. 泡种　将留下来的健康种子容器内倒入清水，种子浸泡时间约5～6小时，然后清洗干净待用。浸泡时间因季节温度、种子种类不同而有差异；浸泡期间要换水1～3次，特别是在夏季。

3. 培育　准备一个底部透水性好的容器作为育苗盘，在容器底部铺上一层透水性和吸水性好的介质，如纱布、纸巾、椰糠、谷壳等，喷湿。再将种子密集摆放（以种子不重叠为准），将种子喷湿，种子上面可再铺上一层介质保湿，然后放在阴暗处培育，每日早晚各喷水一次（以介质湿润和容器内不积水为准。

4. 采收　三天后种子开始冒芽，种植约5～7天后即可采收芽苗菜（种植天数因季节温度、种子品种而有所不同）。采收时，将芽苗菜连根拔起，用剪刀将根部剪除，即可食用。

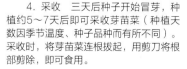

豌豆苗

种植豌豆苗是一项比较耐心的工作，水分是成功的关键，浇水宜多不宜少，天晴多浇，雨天少浇。每次必须洒透。

豌豆苗生长过程中不需要过强的光线，要用50%的遮阳网，夏季用75%遮阳网。豌豆宜用抗逆性强的麻豌豆。好的豌豆苗秆不是很长，叶子展开度好。

种植过程

1. 浸种　浸种时间的长短直接影响芽苗菜的成长状况。将选好的豌豆倒入塑料盆或碗中，注入20～30℃的清水进行清洗，反复淘洗几遍，将水倒掉，再注入种子体积2～3倍的清水浸泡。春、秋、冬三季可浸泡8～12小时，夏季高温，只需浸泡6小时即可，浸泡过程中最好淘洗几遍，以释放豆气和热量。

2. 滤起　待种子浸胀后，用清水反复清洗几次，使豆身清爽透气，即可滤起。滤起就是将水渗出，让豆身干爽。

3. 播种　在育苗盘底部铺一层保湿纸（餐巾纸、宣纸、纱布、谷壳均可），然后将滤起的种子均匀撒播在苗盘里，用手抚平。然后用细孔喷壶喷透水。

4. 播后管理　播种后，将苗盘放在室内或阳台光线比较弱有适当遮阴、通风良好的地方。在种子露白前，最好在种子上面再盖一层餐巾纸或者纱布，喷湿，这样能保持一定湿度。每天喷2～3次清水，喷水要喷透，均匀，同时要转动苗盘，受光一致。苗高4～5厘米前浇水要重，要透，待5厘米后可以适当见光，以散射光为主。播种1～2天后，出现了好多白色的小须根，这时，可以将盖在上面的纱布或纸巾摘掉。

5. 采收　采收标准：苗高10～15厘米，真叶未完全展开呈鱼纹状，呈浅黄色或浅绿色。采收时保留基部2～3厘米，以待下次采收（豌豆苗一般播种一次可以连续采收2～3茬）。种植豌豆苗要在避光的环境中，比如柜子，10厘米的时候可以稍微见光，催绿。

APHIDS-FREE
防治蚜虫　大家齐出招

　　蚜虫是菜友们种菜过程中最常遇到的麻烦之一，轻者让你的菜精气神全无，重则让你片叶无收，还好它们再厉害总是敌不过菜友们的集体智慧。选一招你喜欢的，杀它个片甲不留。

　　蚜虫，对于爱种菜的人来说，是再熟悉不过，也是最让人头痛的一种虫害了。因为不管是阳台种菜、屋顶种菜，还是露地种菜，这种小害虫总是影子一般伴随着每一棵受害植物，防不胜防。

　　为了帮助更多种菜一族们解决蚜虫害的问题，我们总结了我爱菜园网论坛里菜友们各种与蚜虫做斗争的经验和诀窍，当然，除了使用农药，我们所说的，都是菜友们实践过的有机灭虫方法。

"云淡～风清"

　　同事给的红菜薹苗叶上好多蚜虫，郁闷死了。有天跟老公去乡里钓鱼，从一个镇上过，看到有烟丝就买了一斤，才几元钱。回家后用 500 毫升的矿泉水瓶装了 1/3 瓶的烟丝，灌满水放 24 小时后，拿来直接对叶面上的蚜虫喷，第二天一看，蚜虫全死翘翘了。

"福海"

　　我用洗涤剂水兑点尿素喷也很管用。原理：洗涤剂的作用是去除蚜虫身体的蜡质，水就会附蚜虫身了，蚜虫的气孔被水一堵住，吹几个泡泡，呛水玩完。尿素不加也管用。

"开开心心"

　　这几天由于天气转凉又下雨，借此也偷了一点懒没给菜菜喝水，也没去关心它们，总觉得都很健康，想不到今天去给它们浇水的时候，放在朝南的一盆芹菜耷拉着脑袋，还以为是缺水，仔细一看，不得了，哪是缺水呀，是全身爬满了蚜虫！怎么办？家里只有酸奶没有牛奶，情急之下用家里有的材料乱配一气，1（洗涤剂）：1（醋）：1（酵素）：30（水）对着芹菜仔仔细细的喷了一遍，这样的配方我也不知会喷死蚜虫还是芹菜，就当临床试验啦，晚上回家见分晓。

　　下班到家看到芹菜比早晨精神，蚜虫在叶子上面的已被太阳晒干，叶子下面的没干但已死，由于种得密难找到漏网之虫，不知是否全部消灭，就再喷洒了一次，以防前功尽弃。

　　第二天早晨的芹菜个个都挺精神的，没有了昨日的颓废，赶紧扒开它们进行检查，真是惊喜：好干净噢！只有几个粘在叶上已死的蚜虫，连忙用清水给它们洗了个澡，看到芹菜们绿油油的真开心，临床试验应该算是成功。

"彩虹健康星"

　　我回老家近一个月，一直担心自己种的 14 棵的辣椒因为老公不浇水而被旱死。一回家首先钻进阳台，发现水倒是浇了，但片片叶子全爬满了蚜虫，用手捉是来不及的，于是按园里菜友的介绍方法——用风油精加水喷洒正反叶面，第二天一早检查"灾情"，发现灭虫的效果的确很好，只是当时配药很随意，只想浓一点好，究竟有多大的量不清楚，没法给朋友们分享精确比例挺遗憾。但实践证明：风油精加水灭蚜虫确实效果好。

　　我这几天连续观察灭蚜战况，辣椒的新叶片上有时还能看到极少的蚜虫，我想：这些蚜虫有可能是藏在土里，有可能是刚出卵的，说明只向叶面喷洒一两次风油精水不够，还需要向卵虫生存的地方继续喷洒并坚持一个阶段才行。

　　以上是菜友实践后总结的灭蚜虫良方。我们还可以使用生物杀虫的方式消灭蚜虫。

　　蚜虫的天敌很多，有蚜虫侏儒、各种蚜虫寄生虫、草蛉、七星瓢虫、隐翅虫、食蚜蝇等。拿七星瓢虫来说，如果我们想引诱蚜虫的天敌——七星瓢虫来消灭它，可以在菜地里种植一些胡萝卜科植物，如茴香，当归，莳萝，野胡萝卜，阿米芹，菊科植物，如艾菊，波斯菊，金鸡菊，一枝黄花，蒲公英，向日葵，蓍草，黄春菊；还有很多比如绛车轴草，谷类，荞麦，黑麦，马利筋，刺槐等。这类植物可以吸引七星瓢虫，从而抑制蚜虫的繁衍。

SUPPER GIRL
我是超女
从小女子到种花超女的蜕变之路

文 玛格丽特

爱花爱到成花痴，种花种到成"超女"，静坐在和煦的春光中，看着生机盎然、绿树靓花的庭院，心中的喜悦无法言表。想来很多种花"超女"和我有同感吧！那就和我一起来回忆一下成为种花"超女"的美好经历吧！

原本是近视眼竟练就了火眼金睛；原本是温婉柔弱、小鸟依人般的小女子竟变得能独自搬盆栽树、力大无穷；原本是衣服上占个小飞虫都要哇哇叫上半天，变得除害虫不留余地、捏住虫子面不改色；原本是走路慢悠悠还会经常崴脚，如今竟是健步如飞；最为关键的是，这个小女人已经变得勇敢、无惧、勤劳、细心，与花草成为了最好的朋友，成为了经常忙碌于花间的精灵！

如何会发生此巨变，且容我慢慢道来。

1. 火眼金睛

包包不见了，笔不见了，手机不见了，拿着钥匙找钥匙更是经常发生的事情。然而，就是这么一个近视眼加马大哈，种花后成了火眼金睛！

早春，月季枝条上的新芽刚有些泛绿便被立刻发现；铁线莲在土下的新芽还没冒出来，只是看到根部土壤有点松动，马上就被发现了；郁金香新冒出来的花苞、三角梅新发的枝条、球兰新长的叶子、甚至旱金莲种子播种后刚冒出来一丁点儿绿意，或者土壤太干太湿、老叶子有点发黄发软，或被蜗牛吃

过、枯萎病、白粉病，还有月季新枝条顶端伪装成嫩绿色的蚜虫……都没有一个能逃得过小女子的火眼金睛。

从业余到专业，这个小女子还能从种子、叶子或者花苞就能分辨出不同的品种。天竺葵花瓣颜色的一点点不同、多肉叶子色彩的一点点差异，或者只看一片叶子，就能清楚地知道什么品种，什么名字，开什么样的花，是需要偏干还是偏湿，喜欢阳光还是阴凉。小女子火眼金睛的本事，是在种花后几年逐渐练成了，如今的级别还在不断上升。

2. 力大无穷

怎么说也是女生，虽然不一定娇滴滴，力气活总还是干不太动的。然而种花之后……

200斤的进口袋装泥炭真是非常重，搬不动？拖！没地方下手？找个旧床单兜住，继续拖！

巨大笨重的陶盆需要移位置了，搬不动？也有办法，把花盆倾斜一点，花盆的底部不是圆的嘛，然后就可以慢慢滚啊滚……一直滚到需要它在的地方；还是搬不动，也难不倒超女，把植物挖出来、盆里的土都倒出来，继续滚……

开车经过野外，突然发现路边的一块石头，越看越觉得它就适合在院子的某一个角落摆着，转念之间，已经把石头周围花草的配置都想好了。回来又想、再想……忍不住第二天还是开车过去，还喊了个同伴。于是两个小女子，用力地、面红耳赤地、满头大汗地，总之就是要把那块石头放到院子里的某个角落！

至于因为院子需要重新布置，小女子一个人开车去外面买黄沙、砖头、大小石头……那更是小 case。小女子一出马，然后便有了条砖铺的堆杂物处，有了各种各样的架子、花盆、石板小路……院子很快就变了模样！

还有种花、刨土、换盆……在不断地磨练中，手上长了老茧，骨节也变大了，手臂也变粗了，种花的小女子成长为力大无穷的超女！

3. 飞檐走壁

这个本事是赶鸭子上架，被训练出来的。

先是篱笆外的珊瑚长得太茂盛了，挡住了院子的阳光和通风，每次都是拿着剪子兜很大的圈子到外面去剪。还有篱笆外的杂草也是长个没完没了，经常绕很大的圈子，就不高兴了。于是，便学会了从篱笆的隔柱上翻过去，再翻回来；越来越熟练，越来越身轻如燕。

院子角落有一棵蔷薇七姐妹，长得特别好，每年的新枝条能长 3 米多，钻进了二楼窗台下的空调位置，还有的枝条潇洒地长到了隔壁的围墙和窗户边。没办法，只好冒着蔷薇的尖刺，绕过角落种的花花草草，爬到靠近围墙的一米多高的隔断上，修修剪剪。这是每年秋天不得不干的事情。

最厉害的是爬到了 2 米多高的葡萄架上，这个难度比较大，首先需要换上轻便的鞋子，然后把桌子、椅子一层层垒高，然后，半身抓住架子顶端的木条，翻上去。这个过程需要避免细的木条撑不住自身的重量，还需要身体扭成不可思议的弧度，防止衣服被弄脏，还有桌椅也不太稳……尽管难度非常大，但是难不倒俺这个超女。爬上去，还要拿着笨重的修枝剪，两只脚分别踩在 2 米多高的葡萄架细细的木条上，稳稳地，还需要两只手拿着大剪子给葡萄和金银花修剪。

这个飞檐走壁的本事，估计一般级别的超女是做不到的。我要自豪一下！

4. 血腥杀戮

女孩子嘛，总是怕各种虫子的，蜈蚣啊、蜘蛛啊什么的，至少会觉得很恶心。像小女儿瑞恩这样见到一个西瓜虫，淡定地一脚踩死的女生属于极品。

然而，种花之后，为了那辛苦培育的美丽花草，小女生们竟会都变成了杀虫不见血的猛女！蚜虫、青虫、介壳虫，不管什么虫，只要见到，就拿着药壶，喷、喷、喷！杀、杀、杀！

翻盆的时候盆底经常会发现有蜈蚣，不管手上是铲子、还是剪子，手起刀落，蜈蚣立刻变成两段！

蚜虫不多的时候会担心喷药对花草不好，还会赤手空拳地用大拇指和食指把蚜虫捏死，于是听着"哔啵"的声音，手指头上便沾上了绿色的蚜虫汁液。放在以前，隔夜的泡饭都能呕出来的。

最讨厌的是蜗牛。白天的时候躲起来，找也找不到，晚上或下雨天，便出来猖狂地活动，吃叶子，还吃花！还嚣张地在被吃得七零八落的花瓣背面留下黑色线状的排泄物。这种东西还超级会繁殖，会"变性"，只要有两只蜗牛遇上，于是两只就分别变成雌的和雄的，立刻就开始交配繁殖，于是院子里的蜗牛越来越多，除也除不尽，恨死蜗牛了！

最开始找到蜗牛的时候，我会拿个塑料袋装起来，收集了一些后扎紧丢到垃圾桶，人道灭亡。后来，蜗牛越来越多，院子里的花草被蜗牛祸害得也越来越惨，对蜗牛的仇恨也就越来越深，每次抓到都恨不得千刀万剐。有时用修枝剪直接把蜗牛剪成两段，蜗牛的壳比较薄，很容易剪；有时抓到蜗牛后之间用砖头把它砸扁。

总之，种花后的超女就是这样，血腥杀戮，还有快感。

写到这里，大家对种花的超女肯定有一个基本的印象了！火眼金星、力大无穷、飞檐走壁、血腥杀戮……错！

5. 铁汉柔情

种花的超女不仅勇敢还很温柔。

这里的勇敢已经不只是被月季的刺划伤出血不皱眉头，还包括了作为一个女人，种花后便不再化妆、不再涂指甲、不再穿裙子，夏天烈日下暴晒成黑妹、冬天冷风中手指头干裂粗糙。从一个妩媚娇嫩的小女子变成一个粗糙憨厚的壮女子，这需要多大的勇气啊！

还有，超女们最大的特点是充满细心、爱心和温柔，像是美国大片里的那种"铁汉柔情"，对每一棵心爱的花草，爱到痴狂！这是只有真正的花友们能理解的，不必我费言。

我就是种花"超女"，我爱花花草草。

LAVENDER MANOR
云峰山薰衣草庄园
北京的普罗旺斯

图／文 蔡丸子

　　说到薰衣草，大家都会情不自禁地想到法国的普罗旺斯，然而去过北京的云峰山薰衣草庄园，我脑海中的薰衣草印象不再局限于普罗旺斯的紫色花田。这座位于600米高云峰山山顶上的薰衣草庄园，不仅有着沁人心脾的花香，还有着浓厚的东方古韵。

1. 这是最浪漫的下午茶茶室，更是最醉人的风景。
2. 坐在庄园薰衣草花田边的凉棚下，薰风拂面，会不自觉醉在这花香里。

云峰山属于密云的不老屯镇，离北京城区约 2 小时车程。山脚下的村子看起来很是一般，却有一个诗意的名字，叫作"燕落村"；沿着长满栗子树的山路盘旋而上，不久就可以看到云峰山。这里几年前好像还籍籍无名，但近年因为一座薰衣草庄园而渐入人们的视线。从春天起，超美的桃花古道、杏花沟就逐渐开始繁华起来，到初夏的 6 月起，庄园内的薰衣草花田开始见蓝，每年 6～8 月是薰风吹拂的季节，也便是云峰山花田最美的季节。

薰衣草花田位于云峰山的一处平坦之地，这里是特意开垦出来为薰衣草准备的，最初这里只有乱石和杂草。在山顶开垦的代价很高，云峰山是石英岩地质构造，所含土壤很少，所以花田的泥土都是从山脚下一车一车拉上来的。花田不过十余亩，但却氤氲而出紫色的迷人气息，而且景色四时不同、气象万千。薰衣草的色彩朝暮变幻，香气迷人；人们在美丽的花草面前是没有抵抗力的，更何况是这开放的花田；常常

可以看到小孩子们在花田垄亩中奔跑，年轻的少男少女们沉醉不忍归去。花田欢迎所有人深入其中，感受薰衣草的无穷魅力；有很多处标志牌上特别写上欢迎游客抚摸薰衣草的字句，让人们备感温馨。

其实，在北京有很多处景点是以薰衣草花田或普罗旺斯为卖点，只是真正的薰衣草在北京需忍耐干旱的寒冬和高温的酷暑，并不容易种植，即使在专业的北京植物园，也没有顺利过冬的薰衣草田地。于是大多数花田用长得很像的鼠尾草或柳叶马鞭草来代替薰衣草，而这二者虽然在景观效果上并不逊色，但并没有薰衣草那种特有的芳香；真正能够种出如此规模花田的地方非常罕见。云峰山的薰衣草是真正的英国狭叶薰衣草，色彩纯正，香味隽永，而且经过云峰山主人几年的驯化与培育，已经能够顺利度过北京的冬夏。

树屋、素餐和香草小铺

云峰山的树屋也是一大特色，它可能是中国最美的树屋了——它们都是采用纯松木搭建的屋子，其中最早的一座真的筑在树上——一棵是巨大的油松，一棵则是有着漂亮叶色的橡树。它们分别穿过树屋的居室和阳台，是今年刚建好的，而且里面的家居风格非常美式，倍受来访者的欢迎。每到薰衣草花季的周末，树屋是最先被抢订的房间。

离树屋不远处的茗园是中式的风格，这里其实是一座古色古香的中式餐厅，不仅适合就餐，更适合休憩。这里可以品尝到非常台式的素餐，内容丰富之极，完全感觉不到寡淡。最受欢迎的是薰衣草奶茶，花香、奶香、蜜香的水乳交融，令人回味无穷；而用薰衣草花粒为原料，烘焙的薰衣草小饼干在宝茗园也有售，这几乎是客人们必买的点心之一。

前年在薰衣草花田的一隅，新建了一座香草小铺。小铺的建筑亮丽新颖，而且门前特别设计了一座非常漂亮的英式花园，这里四季景色不同，用白色木质栏杆与花田分开，但景色确是更好地融合在一起了。香草小铺无论是内外，装修设计都别具一格，看起来非常像国外的精品店铺。客人们只要进门就会被热情体贴的服务小姐递上一杯甜蜜的薰衣草茶，饮之甘醇香甜，唇齿留香。这里售卖各种与薰衣草有关的乐活产品：精油、护肤品、薰衣草枕、薰衣草蜂蜜与茶饮等等；所以但凡留恋花田的人们进去后总不会空手而归。这里的薰衣草护手霜尤其值得推荐，是庄园主人按照欧舒丹的配方制作的，用起来非常柔滑舒适！

庄园里的树屋是最受客人们青睐的住宿，凭栏远眺，庄园美景尽收眼底。

Tips 薰衣草

薰衣草的原产地在地中海沿岸，这里山坡较多，土壤干燥多砾石，日照非常强烈，一年中降雨很少，所以薰衣草天性耐干旱，喜爱阳光，需要排水良好的土壤。

现在国内的花市已经可以买到好几个品种的薰衣草，最漂亮的盆栽品种当属法国薰衣草，因为花穗有两个苞片好像小耳朵，被形象地称为蝴蝶薰衣草；最适合提炼精油的是狭叶薰衣草和杂交薰衣草；最常用的是甜薰衣草，它的叶片和花朵可以用来制作薰衣草糖或薰衣草蜜茶、还有很多糕点也适合加入甜薰衣草碎；而花市常见的羽叶薰衣草有着非常漂亮的叶片，但花朵却不如其他薰衣草美丽，而且香味也不够浓郁。

薰衣草精油具有"双向平衡"皮肤油脂的特点，让几乎各种皮肤特质的人们都可以安心接受薰衣草的恩惠——其实这也是大自然赐予我们的恩惠。它是目前全世界运用最广泛的芳香精油之一，也是少数可以直接涂抹在皮肤上的精油之一。

AQUATIC PLANTS
水生植物
水景旋律中不可缺少的音符

文 赵梦欣 宋鼎 / 图 群英 宋鼎

水景是庭院中能流动的旋律，水生植物则是这首旋律中不可缺少的音符之
一。合理地配置这些音符，会让旋律更加动听、怡人。

旱伞草
欣赏指数：★★★★★
应用指数：★★★★★
养护指数：

庭院水景有动态的，比如瀑布、叠水、溪流等，也有静态的，比如小池塘；有较大型的，如假山飞瀑，也有小型的，比如容器水景。不管什么类型，选择的水生植物种类都别太多，一两种开花或观叶的作为主景，再搭配点缀一些低矮或湿生的植物，就够了。

庭院中有瀑布的花友，注意别在瀑布下的水池中直接种植水生植物，因为瀑布冲击力大，不利于植物的生长，只能在水池周边点缀种植。但是一些小型的喷水池，比如涌泉等，冲击力小，可以直接种植，但也不要选择太高的植物；睡莲、荷花、芡实等，都是合适的选择。水池边还可以配合岩石种植鸢尾、菖蒲、美人蕉等植物，清新、秀丽、雅致。溪流则可以将种植容器直接嵌入溪床中，然后将植物种植在容器里，有利于植物生长，也会显得非常自然。

很多花友庭院中都有池塘，喜欢在池塘中种满高矮不一的水生植物，其实这是非常不合适的。因为种植的植物太多，欣赏不到植物在水中的倒影，也破坏了水面本身的魅力，因此，水生植物只是点缀，水才是主角，水生植物的覆盖面积不要超过水面的三分之一。一般应用植物有睡莲、千屈菜、溪荪、花菖蒲、石菖蒲等。

因为庭院面积有限，很多花友庭院设计的是容器水景，如盆、钵、缸、桶等等，有的是静态的，有的是动态循环的。大部分的水生植物都能用作容器水景，如睡莲、荷花、菖蒲、水芹菜等。这里给大家介绍一个方便实用的方法，可以先把植物栽在小容器里，然后将小容器放在盛满水的大容器里，这样可以随时取出组合，形成不同的景致，也方便施肥、分株等养护管理。

2 睡莲

欣赏指数：★ ★ ★ ★ ★
应用指数：★ ★ ★ ★ ★
养护指数：★ ★ ★ ★ ★

说睡莲是水景中的明星植物一点也不为过，除了瀑布池，它适合所有其他的水景。而且种类非常丰富。养护简单。

3 梭鱼草

欣赏指数：★★★★★
应用指数：★★★★★
养护指数：★★★★

　　喜温、喜阳、喜肥、喜湿、怕风不耐寒，梭鱼草叶色翠绿，花色迷人，花期较长，可用于家庭盆栽，也在静态水池和溪流水景中种植，适宜在20厘米以下的浅水中生长，每到花开时节，串串紫花在片片绿叶的映衬下，别有一番情趣。

4 大薸

欣赏指数：★★★★★
应用指数：★★★★★
养护指数：★★★★

　　大薸喜欢清水，但又不喜欢流动的水，在庭院水池里，植上几丛大薸，再放养几条锦鲤，优雅自然，别具风趣。大薸的根系发达，还可以吸收水池中有害物质和过剩营养物质，净化水质。

5 铜钱草

欣赏指数：★★★★★
应用指数：★★★★★
养护指数：★★★★★

　　铜钱草生性强健，种植容易，繁殖迅速，走茎发达，节间长出根和叶。夏秋开小小的黄绿色花。性喜温暖潮湿，栽培处以半日照或遮阴处为佳，忌阳光直射，最适水温22～28℃。耐阴、耐湿，稍耐旱，适应性强。

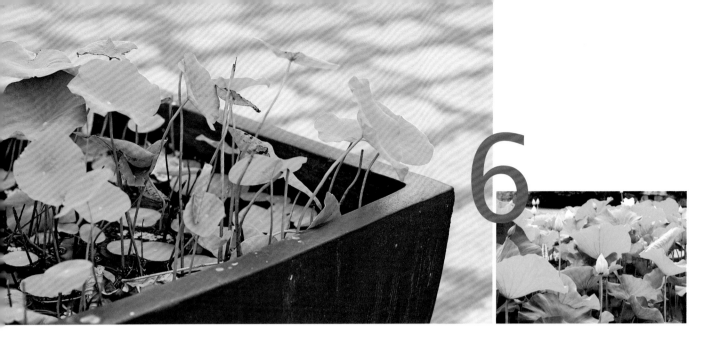

6

6 荷花

欣赏指数：★ ★ ★ ★ ★
应用指数：★ ★ ★ ★
养护指数：★ ★ ★

　　荷花喜湿怕干，喜相对稳定的静水，不爱涨落悬殊的流水。池塘植荷以水深0.3～1.2米为宜，初植种藕，水位应在0.2～0.4米之间。在水深1.5米处，就只见少数浮叶，不见立叶，不能开花，如立叶淹没持续10天以上，便有覆灭的危险。荷花适合在较大的庭院应用，小庭院也可以用缸、盆栽植。

7 黄花蔺

欣赏指数：★ ★ ★ ★ ★
应用指数：★ ★ ★ ★ ★
养护指数：★ ★ ★

　　喜温暖、湿润，在通风良好的环境中生长最佳，花茎分生新株进行繁殖，也可种子繁殖。花黄绿色、数多、开花时间长，整个夏季开花不断。可单株种植，也可以3～5株丛植，除了可以在池塘中种植，也可用盆、缸栽，摆放到庭院供观赏。

8 千屈菜

欣赏指数：★ ★ ★ ★ ★
应用指数：★ ★ ★ ★ ★
养护指数：★ ★ ★ ★

　　在浅水中栽培长势最好，可以沿着池塘栽培，也可以在容器中栽培。喜肥，千屈菜姿态娟秀整齐，花色鲜丽醒目，是水生植物中很好的观花种类。

DETOX PLANTS
潜伏在花卉中的**吸毒卫士**
科学研究之权威发布

文　赵芳儿 / 图　玛格丽特

　　每个人家里或多或少都会种几盆植物，为了养眼，也为了净化居室环境。但是市场上那些被通通贴上"健康植物"标签的花草，哪些才是真正的吸毒植物？中国农业科学院蔬菜研究所和北京市理化分析测试中心的专家们经过多年的试验、研究，得出了权威的答案。试验确定了几十种能吸收苯和甲醛等有害物质，净化居室环境的吸毒植物，它们经过严格的科学检验，是最健康的空气洁净机。这里为大家推荐其中的十种。

吊兰

吸毒指数：★★★★
养护指数：★★★★★
　　吊兰是净化空气的好手，每平方米吊兰叶片每分钟能吸收的甲醛为1.1微克左右，对甲醛的净化率约为95.3%。如果你家里刚装修完，多种几盆吊兰，比买什么除甲醛的药剂效果都好。
　　吊兰非常好养护，对光线、湿度等要求均不严格，但不要在阳光下暴晒，室温保证在10℃以上，每两个星期可以施一次氮肥。

绿萝

吸毒指数：★★★★★
养护指数：★★★★★

没想到吧，平日里最常见的绿萝竟然是吸毒大王，它对苯和甲醛均有较强的净化作用。每平方米绿萝叶片每分钟能吸收的苯为119.1微克，对苯的净化率为27.7%；每平方米叶片每分钟能吸收甲醛1.7微克，对甲醛的净化能力为76.6%。

绿萝是超好养的懒人植物，既可以用基质栽植，也可以水培，直接将剪下的绿萝插在清水里，一个星期就能生根。当然栽在基质里长得更旺。越冬温度不低于15℃。

垂叶榕

吸毒指数：★★★★
养护指数：★★★★

榕树是常绿乔木，每平方米垂叶榕的叶片每分钟能吸收甲醛约2.2微克，对甲醛的净化率为83.7%。

榕树喜高温多湿的环境，北方居家养护需要多喷水。南方室温在10℃以下要注意防冻。

龙血树

吸毒指数：★★★★
养护指数：★★★★★

龙血树的种类很多，吸收苯的能力非常强，每平方米叶片每分钟能吸收苯259.5微克，对苯的净化率为36.5%。

龙血树生长适温为10～30℃。夏天适宜放在阴凉处，要多向叶面喷水，冬季可放在阳光充足的地方。生长旺盛期可以每个月施一次肥，以氮肥为主，结合磷钾肥，可以提高龙血树的越冬抵抗能力。

广东万年青

吸毒指数：★★★★★
养护指数：★★★

　　广东万年青的品种很多，其亮丝草'银后'，每平方米叶片每分钟能吸收苯171.9微克，对苯的净化率为26.2%。

　　夏天需要充足的水分，盛夏应每天早晚向叶片喷水，放在半阴的环境。冬季可以减少水分，增加湿度。冬季温度不低于12℃。

大王粉黛叶

吸毒指数：★★★★
养护指数：★★★★

　　对苯的净化率为39.7%，每平方米叶片每分钟能吸收苯约14.4微克。

　　多年生常绿亚灌木状草本，株高可达2米，怕干旱、耐阴，忌阳光直射，在疏松肥沃、排水良好的微酸性土中生长良好。越冬温度需10℃以上。

　　注意不要长期放在阴暗的地方，否则会导致叶片变色，降低观赏价值。每两周施一次复合肥，氮肥过多则叶面花纹变暗。

竹芋

吸毒指数：★★★★
养护指数：★★★

　　竹芋也是市场上常见的观叶植物，其圆叶竹芋'青苹果'，每平方米叶片每分钟能吸收的甲醛为2.3微克左右，对甲醛的净化率约为82.1%。

　　相对来说，竹芋对环境的要求比较高，它喜欢温暖湿润的环境，所以在北方居室养护竹芋，要增加空气湿度，也可经常在叶面喷雾，保持叶片湿润。在南方要防止冻害，环境温度要在10℃以上。

肾蕨

吸毒指数：★ ★ ★ ★ ★
养护指数：★ ★ ★ ★

　　肾蕨品种也有很多。研究中所选择的'波士顿厥'每平方米叶片每分钟能吸收苯128.3微克，对苯的净化率为35.5%；对于甲醛的净化能力为每平方米叶片每分钟能吸收甲醛1.8微克，对甲醛的净化率为87.5%。

　　肾蕨的不定根吸水、保水能力较差，应该及时浇水，如果悬挂的话，更应该经常补充水分。及时摘除黄叶、枯叶，保证叶片清新翠绿。

绣球花

吸毒指数：★ ★ ★ ★ ★
养护指数：★ ★ ★ ★ ★

　　对苯的净化率为77.6%，每平方米叶片每分钟能吸收苯约215.4微克。

　　落叶灌木，株高可达4米，为亚热带植物，性喜温暖、湿润的环境。对土壤的适应性很强，土壤的酸碱度直接影响花的颜色，pH在7.5以上，花呈现红色，pH在4~6之间，花呈蓝色。如果想花成深蓝色，可以在花蕾形成期施用硫酸铝；为保持红色，可以在土壤中施用石灰。

　　绣球花为短日照植物，每天放在黑暗中10小时以上，约45~50天就能形成花芽。越冬温度不低于5℃。盆栽不宜浇水过多，以防烂根。

栀子花

吸毒指数：★ ★ ★ ★
养护指数：★ ★ ★ ★

　　美丽的栀子花，也是对付甲醛的高手。每平方米的栀子花叶片，每分钟能吸收甲醛约1.3微克左右，对甲醛的净化率约为93.4%；栀子花还有清新怡人的芳香，真可谓是居家的明星植物。

　　栀子花喜光，但害怕阳光直射。花期可多补充磷肥和钾肥，开花后控制浇水量，越冬温度不能低于5℃。

注：本文中所试验的环境中苯气浓度为150ppb，甲醛浓度为300ppd。

WATERSCAPE DESIGN
筑一泓清泉
带来凉爽满园

图/文·赵宏

在酷热的炎夏，如果能有一泓清泉相伴，绝对是最奢侈的惬意。庭院中的水景常见的有水池、壁泉、小溪、喷泉、涌泉等。你的庭院适合建造什么样的水景？如何建造？且听花园设计师赵宏为您细细道来！

这是一处围着庭院建造的循环小景，非常方便主人的亲水体验，水泵让水循环起来，非常干净，而大薸、旱伞草等水生植物的点缀让水景更加生动活泼。

庭院水景的设计

　　无论是小溪、河流、湖泊，还是大海，水对于人都有一种天然的吸引力。水带来动的喧嚣，静的平和，还有韵致无穷的倒影；它还为植物、鱼和野外生灵提供生存之地。所以大多数人都喜欢在花园中拥有水景，喜欢周围的水景带给我们的那种自然的恬静和怡神的感觉。

　　想要在后院建造一处令人心旷神怡的庭院水景并非一时灵感所致就可以做到的。我们需要仔细考虑好自己想要什么样的水景、建造在什么地方、如何将它融入花园的整个设计中。它的成功主要依赖于与周边环境的巧妙融合，而不是与背景格格不入。这就意味着在整个花园的设计阶段，就必须把水景考虑进去，而不是把它当做事后想起的东西匆匆忙忙的附加进去。

　　设计水景的灵感可以来自很多地方：互联网，庭院类的书籍和杂志。但我更喜欢带着相机驾车离开城市，到山野乡村看大自然是怎么规划水的。看清澈的山泉从植物遮掩的石缝中流出，汇成细小的清流，跟随山体的落差涓涌流淌，在大小不等的山石中间穿行而过，当山泉流至人工修筑的堤坝时，便形成了一处处小水潭，墨绿的潭水中隐约可见鱼儿自由自在地畅游。看看岩石怎样被冲刷，看看溪流怎样分流、翻腾又复原。看一眼小河、池塘、巨砾和斜坡，还要看看小树和植物怎样在天然形成的缝隙中生长。这些都可以为我的水景设计作为参考。

　　庭院水景的类型很多，瀑布、跌水、喷泉所需的庭院面积较大，很多独栋的别墅庭院比较适合，而小庭院可以选择循环的小溪、小水池以及一些水景小品。

　　花园建造或者说室外装修其实和室内装修一样，也需要确定一种风格或主题，而水景应当是整个设计中的一部分，甚至是视觉的焦点。花园风格的选择取决于你自己。如果水将成为花园中的一部分，它必须融入通盘考虑之中。在大多数花园中，房屋本身以及室内装修风格是设计的出发点。花园是室内空间的自然延续。假如您的住宅是一幢欧式的建筑，室内也是欧式的装修，但将花园做成一个拥有假山水池、亭台楼阁的中式庭院，那将会不伦不类。

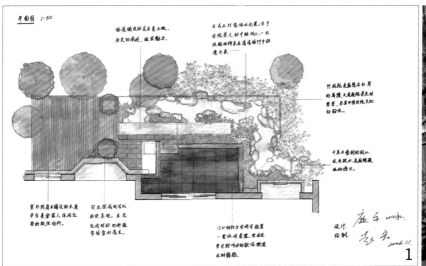

平面图 1:50

临溪铺设的是青石板.
历久和保留,做出魅力.

日式石灯笼置放水而置.位于
全院景元的中轴线上.一挂
滋流细释差在清晨隔竹楼门秋
透干来……

竹林范是连园的外界
的屏障.大森庭院景色的
背景.是中国传统文如
的韵味.

千层石望制的假山.
这有提水,是庭院溪
流的源头.

室外防腐木铺设却木是
平台是全家人体闲玩
卖的软性场所.

实木围圃钢石松
和更美色.左花
石内可拟切种植
长寿可拟带资利度水.

门口的阳台窝调可放置
一套休可茶桌.坐起
里日野听布的散高.欣赏
水畔景趣.

设计
绘制
庭卒 wh
李东
2006.11.
1

2

1. 小溪式庭院水景的设计平面图参考。
2. 小溪式庭院水景的实景图。

Tips

庭院水景设计时的几点建议

1. 地处一楼的院子，挖水池的形状最好是不规则的弯月形或腰果形，弯月的凹处对着住宅，而忌讳中国风水学所说的反弓布局；

2. 在某些庭院，挖一个水池不如做一条小溪。溪流一般包含出水源头，有落差的跌水，蜿蜒的河道，更能体现水的多种姿态。溪流的曲线最好能环抱住宅，所谓"玉带环腰"。建议溪流深度在20~50厘米之间；

3. 水池宜浅不宜深，如果水池深不见底，不仅威胁儿童的安全，而且水深也不容易观赏到水中的游鱼。建议庭院水池深度在60厘米左右；

4. 水常盈满防枯竭，在中国的风水里，水代表财富，池水平时至少保持八分满；

5. 像屋顶露台或者小面积的庭院，由于靠近硬朗的建筑，做直线条边缘的水池会比自然式的水池更与环境相协调，也更节省空间。

6. 在小面积的庭院里，做壁泉比做喷泉更节省空间，而且壁泉的背景墙丰富了庭院的空间层次，效果也毫不逊色。

如何建造水池

　　水池是庭院水景中最常用的类型，地上的、地下的；静态的、流动循环的……不论哪种类型，防水都是最最关键的步骤。

技术要点

　　水池的施工方法有很多，在这里我主要介绍适合现代都市花园的小型水池制作方法。

　　现在的商品房顶楼大多带有露台，面积大部分在30～70平方米。虽然面积不大，但我们照样可以设计并营造出一个供全家享受的室外庭院，当然也可以将水景设计进去。但很多人又害怕在屋顶花园里做水池漏水。现浇板固然好，但做工复杂，需要钉现浇模板（预制板）。所以一般露台或阳台上（水泥地上）的水池都以用砖砌然后粉刷为主。可是时间久了，也常会漏水。曾有朋友请我去检查水池漏水的原因。我发现漏水的水池做法不科学，有的是直接在水泥地上砌砖池壁，然后粉刷，铺贴瓷砖装饰；有的稍考究一点，先浇一层钢筋混凝土的基础，在水泥基础层上再砌砖池壁。一般水池漏水大多出现在底下一圈，就是池壁和池底的接触面，因为热胀冷缩是在所难免的，原地面水泥地一般光滑，所以后做的池壁难免会分层导致漏水。

　　我以前也给顾客做过很多水池，很多年过去了倒没有说水池漏的。现在与大家分享一下我建造水池的过程。

第一步　先预埋好水电管线

一般水池背景壁泉或喷泉都需要供水的水源。水池里放置循环水泵或水下彩灯（需要电源）。水池还需要排水管，可以将池水排干，以便于清洗水池。所以水电管线需先预埋到位。

水电管线的安排布置下面会详解。

第二步　做池底基础钢筋骨架（图1、2）

水池若不大，用4厘米钢筋即可，钢筋按横向纵向15厘米×15厘米的方格均匀排列。交叉点用细铁丝扎紧。做钢筋骨架还有很重要的一点：每根钢筋的两头一定要直角折弯7～10厘米。也就是说每一根钢筋都是U字形的。凸出的钢筋头朝天，再扎一圈横筋。

然后在钢筋网下放置好排水管。排水孔一般放于靠水池角落的地方，垂直朝天。我是用40mm的PVC排水管，长度可根据自己需要。管子的一头接弯头，弯头上再接大约15厘米长的管子。短的这段就是排水孔，等水池铺贴完工后，长出的部分要锯掉（开始留长一点有余地）。

第三步　混凝土现浇池底（图3、4、5）

先在钢筋网的四周排列竖起来的砖块，做一个临时的现浇模板。竖砖背后再叠几块砖（可防止浇混凝土时将竖砖挤倒）。砖块离钢筋约3厘米。准备池壁厚度浇5～6厘米。将拌好的混凝土铺到钢筋网上，并将钢筋网

稍往上拎一点。捣实混凝土。确保钢筋网在混凝土的中部。用泥灰板整平。池底我一般浇8厘米厚度。

图4的样式就是平整的水泥池底，边缘还有一圈凸出的钢筋头。然后在钢筋圈内再排列平放的砖块，与外圈挡水泥的砖块平行，之间的距离5厘米。浇入混凝土捣实。泥灰板整平。池壁的底圈做好了。等水泥稍干后，去掉周围的所有砖块，样式就像一个浅盒子。

这样池底和池壁底圈一次现浇成型，不会因为热胀冷缩而导致漏水。池底内有钢筋网以后也不会拉裂。

第四步　砖砌池壁并粉刷（图6、7）

屋顶露台水池体量不大，占地面积一般都在几平方米，所以水池池壁不能做得太厚。不然很笨重。

建筑上，砖块砌法有整砖砌（24厘米墙），一般砌承重墙；半砖砌（12厘米墙），一般砌隔墙；四分之一砌法（5厘米墙）。

砌水池我们用四分之一砌法。先做薄点留有余地，今后还要内外粉刷，两面贴装饰砖。一般成品水池（贴好装饰砖后）池壁的厚度13～15厘米，是最佳效果。池壁高度一般在40～55厘米之间。

池壁砖块砌好后采用套浆粉刷。套浆粉刷的意思就是砌墙的第一遍砂浆粉刷好后，待稍干，再用纯水泥拌水，将纯水泥浆用刷子涂一遍（作用是堵塞砂浆粉刷层的毛孔及细小缝隙），之后再粉刷一遍水泥砂浆。这个步骤能做两遍更好。用水泥灰刀光面。水池完成，做好水泥保养。

第五步　防水涂料（图8）

水池保养好后，选晴天排干池水。待水池干透，涂JS防水涂料3遍。

JS防水涂料：聚合物水泥防水涂料（简称JS防水涂料，JS是聚合物，水泥汉语拼音的缩写）是以丙烯酸酯等聚合物乳液和水泥为主要原料，加入其它外加剂制得的双组分水性建筑防水涂料。由于这种涂料由"聚合物乳液—水泥"双组分组成，因此具有"刚柔相济"的特性，既有聚合物涂膜的延伸性、防水性，也有水硬性胶材料强度高、易与潮湿基层粘结的优点。可以调节聚合物乳液与水泥的比例，满足不同工程对柔韧性与强度等的要求，施工方法方便。该种涂料以水作为分散剂，解决了因采用焦油、沥青等溶剂型防水涂料所造成的环境污染以及对人体健康的危害。所以近年来在国内外发展迅速，成为防水材料中的后起新秀。

第六步　贴水池装饰面砖（图9）

我一般喜欢用整块的大理石来装饰水池外观，效果简洁大方，也方便清洗。贴大理石可用云石胶，很牢固。以前也用过纯水泥贴法，但会出现水泥返碱现象，影响外观。

其他材质贴饰水池

用马赛克贴饰水池也是不错的选择；用鹅卵石贴饰池壁，一般适合中式风格做法；用天然的假山石结合鹅卵石做的水池。

水池的排水

如果水池距离屋面排水洞不是很远，排水管是直线的话，我一般将排水控制阀门做在排水洞内。平时，排水洞盖板盖住看不到。

40 厘米的排水阀门还是蛮大的，如果一定要做在水池边需要隐蔽处理，不然会有碍美观。可以在水池边的地面做一个洞，里面是排水阀门，再用板盖住。有的人把排水阀门做在水池内，水池浅还好放水，水池深的话就不好办了。如果冬天刺骨寒冰的天气里要换池水可真受罪了。

1. 未经处理的排水孔。
2. 排水伐门设计在排水孔里。
3. 盖上盖板，实用也不难看。

水池的溢水管

水池最好还要设置一个溢水管。水满过水池时不是从池边漫出来，而是通过溢水管排掉，让水位永远控制在溢水管的高度。假如水池高 50 厘米，一般溢水管的高度在 40 ～ 45 厘米。

经常看到有些庭院（一楼）的水池水位离地面足有 50 厘米甚至更多。站在池边恐怖啊，感觉就像万丈深渊。我不知道是不是不舍得放水。如真是不舍得又何必挖水池？我喜欢水池的水偏满点好，风水上叫蓄财，园林上叫凌波微步，坐在池边，满满的池水更能让人欣赏荷花的倒影以及水中嬉戏的鱼儿。

我对溢水管的做法处理得很简单。直接在水池壁上离顶 5 厘米的地方预埋一根 2 厘米直径的 PPR 管子，内外的大理石也要相应的穿孔。水就是直接排在水池边的地面上，我的水池离排水洞也就 2 米不到。其实溢水管的用处也不是很大，几乎用不上。在给水池补充放水时，一般都会有人看着，等自来水差不多放满水池就会关闭水龙头；若是暴雨天，也不在乎水从池壁漫上来，因为里里外外其实已经都是雨水了。

溢水管还有一种做法，就是在水池内的排水管上接一根管，水位需要多高这根管就做多少高。对接的部分是螺纹可以旋的。平时连接在那里，要放水时，将这根溢水管旋开，底下就是排水孔了，还省去了排水阀门。不过我不喜欢这种做法，一是因为光滑的 PVC 管和水泥浇在一起，老是去旋旋开开，怕会松动 PVC 管，导致水池漏水；二是因为平时都有一根塑料管立在水池里不好看。

水池水景供水系统的设计

庭院里的水池在养了水生植物和鱼后，特别在天气热时非常容易滋生绿藻和青苔。一般一个星期就需要换一次水。如每次都把整池的水白白放掉，那未免太可惜了。

自来水是硬水，温度太低不适宜直接浇花。浇花的水一般都要放置在露天 2 ～ 3 天，经过阳光的照晒，这样的水是软水，而且水温接近室外温度，适合浇花。水池内的鱼粪便和水生植物产生的微生物又可增加肥力。

那我们怎么合理的利用水池的水来浇花呢？如果花园不大，我们可以直接用水洒或水桶浇花；如果面积稍大的花园，种植的花草又较多，还是利用潜水泵吧，用水管将水池里的水抽出来浇花。

我一般做水池水景都会在池边或池内设计壁泉或喷泉。流动着的水有生命力。其多变婀娜的柔性缓和了石材水泥的阳刚，带来了形的美；汩汩的流水声更衬托了庭院的幽静，带来了声的韵律。驱动喷泉最基本的方法是使用潜水泵。可调节的阀门能够帮助你调节水流速度的高低。

100 平方米以内的花园，潜水泵功率不用太高的，不然水流太强不利浇花，建议用 250 ～ 350w 的。

这样，水池的水用来浇花冲洗地面（夏天降温），然后每天再用干净的自来水补充回去，池水也常保清澈了。放自来水补充池水时，可以将水调小一点，整天让它流淌。最好能算好流量，保证在第二天浇花前不会溢出水池。这就是风水所说的"细水长流"了。

背景资料

阳台面积：4.9 平方米
造价：6 万元
地点：上海翠湖雅苑
设计：上海美谛花园设计公司

BALCONY GARDENING
阳台变身**后花园**

很多花友都羡慕庭院一族，期待着拥有庭院的那一天来实现自己的园艺梦想。其实，真的没有必要等到那一天，只要你愿意，阳台就可以变成你家的后花园。

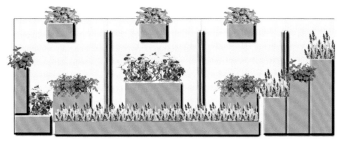

阳台花园的设计立面图

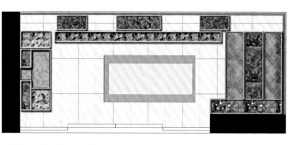

阳台花园的设计平面图

客户决定进行阳台设计的初衷，是为了给三岁的宝宝打造一个接近自然的空间，让宝宝能有更多机会接触植物，了解自然。设计完成之后，没想到在这样小小的空间，融入了如此多的元素：有瀑布、水池，有攀缘植物、观花植物、多肉，还有有机蔬菜。

现代、简洁，是客户的要求，所以我们选择了线条简洁、色彩淡雅的不锈钢种植花槽进行组合。所有容器都做了排水处理，浇花的水直接排入下水道，不会从花盆底下渗出阳台，从而保持地面干净整洁，同时，原有地面及墙面一丁点也没有被破坏。

在阳台的正面，我们选择了铁线莲、绣球、天竺葵等景观性、观赏性强的植物，铁线莲生长快，不久就能爬满阳台的整个护栏。

阳台出门靠左是蔬菜和香草种植区，可以在不同的季节种植自己喜欢的蔬菜及香草，同时也给宝宝提供一个了解蔬菜来源的知识空间。因为空间比较小，因此以立体阶梯的形式进行设计，增加种植空间。

阳台出门靠右是一个小水景设计，小小的瀑布能让水循环起来，阳台因此而富有生机和动感，同时也能改善居室的小气候。下面的水池还是小朋友可以戏水的小池塘，足不出户便能体会到户外的乐趣。池塘可以养鱼、小蝌蚪，可以让小朋友观察、了解这些小动物生长、发育的过程。

阳台侧面1

在阳台的一个侧面，我们选择了种植蔬菜和香草，种植槽是立体阶梯式的，可以种植很多种类，让宝宝可以充分认识蔬菜。

植物种植表
1. 姜花
2. 草莓
3. 小西红柿
4. 菊苣
5. 小辣椒
6. 向日葵
7. 板蓝根
8. 酸模

1. 建造前。
2. 建造后。采用立体阶梯种植槽，充分利用空间。

虽然空间很小，但种植的植物种类丰富多样，可以让小朋友了解更多的植物。有攀缘类、宿根观花类、水生类，还有有机蔬菜，而多肉类的植物景观，丰富了由于空间狭小带来的局限性，增加了观赏性和趣味性。

除此之外，还在阳台上重新设计了灯光，除了功能上的需求，更给这个小小的空间增加了一丝神秘感。

阳台侧面2

在阳台的另一个侧面，应客户的要求，设计了一个小水景，给宝宝提供一个亲水的空间。水池内还可以养鱼、养蝌蚪。水池周边用植物装饰，更加自然。

植物种植表

1. 千屈菜
2. 小叶睡莲
3. 绣球花
4. 法国薰衣草
5. 百合

1. 建造前。
2. 建造后。跌水的水池也采用金属质地，与种植槽风格统一。

阳台正面

在阳台的正面，我们在上层选择了铁线莲、绣球、天竺葵等景观性、观赏性强的植物，铁线莲生长快，不久就能爬满阳台的整个护栏。而在下层设计了一个多肉种植区，这样层次分明，植物种类也丰富多样。

植物种植表

多肉	宿根花类
1. 钱串儿	1. 花叶香桃木
2. 姬美人	2. 铁线莲
3. 虹之玉	3. 法国薰衣草
4. 鹿角海棠	4. 花叶络石
5. 紫晃星	5. 百合
6. 金叶景天	6. 澳洲朱蕉
	7. 猫薄荷
	8. 天竺葵

1. 建造前。
2. 建造后。多肉种植槽里的多肉有十多种。
3. 正面全景。

Tips 阳台设计注意事项

首先，阳台的园林设计一定要考虑到主人的身份地位和个人喜好等因素，以此确定阳台园林风格。

其次是要注意采光，在做阳台景观设计时要充分考虑原建筑的采光情况，不要做出来的园林破坏了原建筑良好的采光性。

第三是荷载。由于阳台是挑出去的，做园林景观又极有可能用到假山、水池等装置，所以一定要详细了解楼盘的承重情况再进行设计。

第四是防水。很多人喜欢在阳台上砌水池养鱼，但不少水池都出现过漏水情况。这可能是园艺公司没有用到过硬的防水材料，有的施工又不规范。一般来说，防水层要有5毫米厚。

最后是植物的选择。选择植物时一定不要贪多，植物一般都容易逗惹蚊子和虫子，如果种得太多则很容易让阳台变成寄生虫的乐园。

SUMMER SURVIVAL TIPS
帮助花儿过夏天

植物是生命，是园艺控们的绿色宠物。我们了解它、对它呵护有加，它会向你绽放它最美的一面；相反，如果你不了解它们的脾气，对它们粗心懈怠，她们也会立马还你颜色，甚至死给你看。夏日炎炎，别忘了，给你的绿宠们一个舒适的环境，让它们快乐过夏天。

露台夏天如何管

7～9月，露台阳光太强烈，要拉遮阳网。对长势过于茂盛的植物适要当修剪，一方面可以减少蒸腾，一方面保证通风，避免病虫害。浇水必须要保证，由于露台蒸发量大，一般早晚一次。（露台春秋 上海）

肉肉如何过夏天

多肉植物大多数在六月中下旬就开始进入缓慢生长或休眠阶段。最好半荫，放在通风的地方，半个月左右给一次水，沿盆子边缘浇下，量要少。浇水的时候注意生长点不要积水，不小心弄上的，要及时吹掉。高温湿热，是多肉们的顶级杀手。

通风非常重要！如果通风条件不好就要严格控制浇水，少浇或者不浇。多肉一般不怕热，而是怕湿热。

新手掌握不好的话，也可以选择在低温通风的夜晚，对其叶片少量喷雾，或者用大苗小盆，选择全颗粒土来种多肉植物。（大漠 上海）

三角梅如何过夏天

关于三角梅：现在要水分和养分供应足，尽量多长枝条，多积累养分，还有不停摘心。到了8月初开始控水，让营养生长停止下来。

控水并不是指完全不浇水。比如正常是浇水一次后暴晒一天，有点发软了再次浇水了，可以改成晒到叶子全部垂下蔫了再浇水，并且浇水的时候不要浇足，只给原来的一半水，也就是维持叶子继续萎蔫，但不让植物死了。日落后，蔫了的叶子喷点水雾补充点水分。三角梅这东西在水分足的时候就是长叶子不开花，然后非要晒到干巴巴快要死了，它才觉得再不开花繁衍下一代就白活了，这才肯怒放。

阳台窗台种花水分蒸发量更多，正常浇水是不能够满足植物的需水量的。一般每天下班后会逐个浸盆，百来个花盆经常要花1～2个小时才能全部搞定。太累了，所以后面会逐步淘汰草本植物。比如铁线莲就可以2天浇水1次。（暖暖的石头 绍兴）

铁线莲如何过夏天

铁线莲比较耐旱，但是夏天温度太高的时候，却千万不能缺水，基本每一到两天一定浇透水。浇水必须要早晚温度较低的时候进行，千万不能大中午的时候浇水。注意通风、不能施肥。

夏天高发蓟马害虫，要时常预防。蓟马会让嫩芽焦黑；可以使用喷蚜虫灵，或者阿维菌素等药物。（米米小译天　温州）

铁线莲度夏要点：不能干到，不能强剪，不要施肥，不要买铁新植娇弱的品种，比如'蒙大拿'，我用珊瑚砂珊瑚骨铺盖。（湖山在望　上海）

天竺葵如何过夏天

通风、避雨、适当阴凉、适量控水。6～8月天竺葵处半休眠期状态，此时不需要肥料及过多水分，闷热和潮湿是导致的烂根和茎腐是小天仙去的主要原因。

1. 通风、避雨：保持叶面干爽的有力保证，可减少霉菌的滋生机率，叶片及根系可以呼吸新鲜的空气，从而达到控制介质的干湿程度。

2. 适当阴凉：正常的光合作用，使小天植株健壮，也是她度夏的有力保证。清晨至午间，气温相对一天较低，是小天能够得到日照的最佳时机。得到了光合作用的同时，阳光还可以消杀霉菌。中午气温逐渐升高，置小天于阴凉通风处，使植株和介质凉爽，利于她的修养生息。

3. 适量控水：创造干爽的条件，是半休眠小天度夏的关键。浇与气温相近的清洁水，傍晚、清晨为浇水的最佳时间，此间介质温度最低，根系吸收了一些水分，避免了日间的湿、热。用直接浇灌介质和浸盆2种方法，保证了由于疏叶修剪后造成的伤口不接触到水分，致使伤口在干净环境中结痂。

4. 疏叶：修剪掉老叶、黄叶、病叶、大叶及残花败梗，致使叶间、茎间保持通风，同时节约养分的无谓流失。

5. 药物消杀：夏季湿、热、闷时，叶面及枝茎易滋生霉菌，用百菌清、多菌灵等杀菌药的稀释液喷施叶茎、浇灌介质，是消灭和预防霉菌是防治叶腐和茎腐的方法。

6. 茎盆浇灌法：长期浸（坐）盆会使水分中的盐堆积在介质中，量大就会灼伤根系，所以此方法仅限于夏天使用。最好做到一盆一水，避免交叉感染。（LiLi6800　南通）

GARDEN RULES
家庭园艺守则 第三季度 文 李淑绮 / 图 群英

对于大江南北的朋友们来说，这个季节都是一个比较难过的季节，而对于花卉来说，有不少植物喜欢在这个季节盛放生命最美的时刻。所以，爱花的朋友不妨将对天气的厌倦情绪转移一下，观赏美丽怒放的花朵，打理植物茂盛的庭院，心情在这个盛夏时节也会变得好起来。

7月

此际，天气酷暑难耐，蚊虫肆虐。无论南方还是北方，大家都希望能远离蚊虫的骚扰，所以，这个季节，家庭园艺中最为受欢迎的植物莫过于有着驱除蚊虫功效的植物了。驱蚊草、迷迭香、薄荷、罗勒以及天竺葵等等，带特殊香味的植物都能肩负驱赶蚊虫的任务呢。

在这个季节，不妨关注有特殊香味的植物：薰衣草、驱蚊草、夜来香。

薰衣草 在花卉市场上可以买到盆栽，约 10 ~ 15 元一盆。把薰衣草的干花做成香包，可以闻香静心、驱蚊去虫。

驱蚊草 又名香叶天竺葵，南、北方均可栽培，北方家庭需在冬季将其放在室内。它的叶片可以散发出浓郁的柠檬香味；尤其是温度越高，其挥发的香气越浓郁，具有驱避蚊虫、净化空气的效果。

7 月也是病虫害肆虐的季节，要做好病虫害的防治。特别是蔬果园，不能用农药，可以尝试一些生物防治方法，比如蚜虫的防治，可以放养瓢虫将它们吃掉（瓢虫在市场上能买到）。

这个月，在北方，如果有蔬菜已经收获，还可以在收获的土地上再抓紧时间播一次种，这样还能赶在冬季来临之前收获。

薰衣草

驱蚊草

花友"乐活哥小李子"打理菜园。

8月

8月是收获的季节，是加工各种美食的季节，同时也是修剪、除草的季节。这时蔬菜瓜果已经成熟，夏天的花卉已经接近尾声，加工美食，延长花园里蔬菜、花卉的收获、观赏期，是这个月应该关注的。

这个月，挎上篮子到花园里转一圈，随手就能收获满满的一篮子。一些早熟的苹果、李子已经开始成熟，鲜食不完的，你可以用它们制作果酱，桃、梨可以做蜜饯。黄瓜、辣椒、西红柿、南瓜、豆角、茄子……多得吃不完，可以将黄瓜腌成咸菜，还可以做酸豆角、剁辣椒、南瓜派、西红柿干、酱茄子等。而能让食物锦上添花的香草，如紫苏、罗勒、薄荷、薰衣草等，可以做香草酱，在烧烤时用，也可以晒干，在冬天烹调美食时用……

8月，夏天的蔬菜和花卉都已经接近尾声，但是气候开始转凉，很适合它们生长，这时可以给它们追一次肥，比如南瓜、茄子、辣椒等，会迎来又一个开花结实的小高峰。

月季等其他花灌木，秋季正是它们第二次绽放的时节，追肥、修剪，能让它们绽放得更加灿烂。

对于有些花卉来说，夏季的高温会使它们停止生长，进入休眠阶段，对这些花更要"伺候"好，以保证其来年能有旺盛的生命力。如仙客来、君子兰以及一些球根花卉等。这些花卉要放置在阴凉通风处，一定要注意少浇水，不要施肥。

9月

9月天气开始转凉，在这个月可好好体验阳台种菜的乐趣了。葱、蒜、香菜、菠菜、萝卜、大白菜等秋冬食用的蔬菜，这时候下种正当时。

风信子、郁金香的粉丝们，这个月可以开始订购种球，规划种植地点，为下种做准备。

如果你的院子里有草坪，这个月打理非常必要，除了修剪，还要给它们施肥。施肥可以结合消毒进行，将肥料、消毒剂与沙子混合，均匀撒在草坪上。

夏季的花卉在这个月差不多已经开完，如果想院子里继续鲜花盛开，不妨关注一下大丽花。大丽花是花园里夏末初秋的明星花卉，花朵大，还可以做切花。

葡萄酒与美食如何搭配堪称为一门艺术，搭配对了，彼此交融，如同"初恋般的味道"，让人惊艳难忘。

WINE AND FOOD

葡萄酒的
黄金**美食搭档**

图 / 文 吴潇

Tips 一些葡萄酒配餐搭配原则

1. 比较酸的葡萄酒牵手味道比较咸的美食。比如生蚝不仅很咸，而且在口中的感觉会很油腻，这会让大多数的酒失去特点。但是西班牙的CAVA酒以及法国的香槟却会在你尝试海鲜时清爽你的口腔。

2. 含有气泡的葡萄酒同样可以与较辛辣的食物搭配，比如亚洲食物、泰餐、咖喱以及含有辣椒的食物等。这些食物中大多是高酸度的，并且有柑橘的成分，这样你就需要一种不仅够酸，并且有水果味道的葡萄酒来与之搭配，如加州的汽酒、口感较涩的葡萄酒与口感较劲道的肉配对，如经典的川菜、湘菜。

3. 高酸度的葡萄酒适合口感油腻的食物。餐酒搭配是为了让彼此独特的味道更加突出，不会相互抢走对方的风头。食物的味道不要盖过酒的味道。

4. 甜酒配甜点，倘若食物的甜度大于酒，那酒的香甜就会苍白无力，也会腻口；相反，你会迷恋食物的甜蜜，与酒搭配，你会深感甜而不腻之美妙。

5. 而油或酱料重的食物适合与不甜带酸的葡萄酒匹配，酒中的单宁会去除口中的油腻，让口感更清爽，香气浓而不过。

6. 味道清淡、突出新鲜的菜肴，要与单宁较轻的红葡萄酒搭配，彼此相辅相成，不抢味道。白葡萄酒通常酸度较高，与海鲜、味道清淡的白肉、沙拉、清炒蔬菜等搭配最适宜，清爽却不失香气，口感愉悦。

7. 讲究风格搭配：挑选的葡萄酒风格与酒体应该与食物相符。例如，强劲的解百纳适合搭配纽约牛排。同样，味道较重的食物，如蓝纹奶酪应该配以可口的波特酒。

8. 清淡的菜品，如鱼，应选择口感细致的葡萄酒，如霞多丽，却要避免橡木桶陈酿葡萄酒。因为橡木桶陈酿的葡萄酒都带有浓重的橡木味，可能压倒食物的味道。一般说来，橡木味较淡的酒更容易搭配食物。

刚开始接触葡萄酒的朋友都会为如何搭配葡萄酒与美食而发愁。面对变化多端的各色美食，一般人只能有粗浅的概念，那就是"红葡萄酒配红肉，白葡萄酒配白肉"，很难准确地给出搭配葡萄酒的建议。但是当你喝过了几十种典型的葡萄酒之后，也许就可以试着摸索总结出美酒与美食的搭配原则了。当然也可以听取专业的葡萄酒品尝专家的建议。

被誉为"葡萄酒专家"的珠海富隆酒窖美女窖主周新告诉笔者，和谐、顺滑是美食和葡萄酒搭配的最高境界。搭配时要知道食物和酒的原味，了解菜品的浓度和葡萄酒的酒精量，只有这样才能让美食和美酒充分交融，成为绝配。

几款葡萄酒的黄金美食搭档

1 圣卡罗世纪传承红葡萄酒 VS 铁板澳洲 M5 牛肉

这款美酒被《美酒&美食》杂志评为"年度50佳葡萄酒精选"的世纪之作，采用了陈年能力强的加文拿酿造，带有馥郁的莓果与醋栗的果香。单宁醇厚而扎实，能很好地中和澳洲M5牛肉肥而不腻的肉质，提升牛肉的口感。酒中的单宁与口感扎实的肉香结合，酒体会更为柔和，肉香层次更为丰盈，让人感到牛肉的滑嫩与酒体巧妙交融，实为不可多得的一种美食配美酒的体验。

2 佳士纳晚秋威士莲白葡萄酒 VS 刺身拼盘（澳洲鲜鲍拼海胆）

此款用人工采摘的晚收型葡萄酿造的威士莲白葡萄酒，在德国广受欢迎，佳士纳还在2008年被《葡萄酒与烈酒》杂志评为最佳国际酒庄。该酒果香充盈雅致，酸爽怡人，能中和掉海鲜的腥味，可口的甜度以及稍显丰腴的酒体恰到好处地衬托了鲜鲍和海胆的绵软清甜，使海鲜之口感更加地鲜美，清润酒体的圆润和海胆的肥美相辅相成，令人心旷神怡。如同玫瑰般的清香散发出来，更为这道重盆级的菜增添一丝清爽。

3 赛拉图（雅丝提）VS 白葡萄酒法式海胆虾

被誉为意大利彼尔蒙酒王的赛拉图酒庄用蜜丝佳桃葡萄酿造的雅丝提，跳跃活泼的酸度伴随着精致的气泡在口腔绽放出丝丝甜美，白桃和青苹果香能很好地搭配芝士海胆酱的酸甜可口，突显大桂虾的爽脆鲜甜。这道菜汁稠、味鲜、浓香馥郁，悠长的余味让人欲罢不能，而最后那隐约的柔滑、芬芳回味更为这道特色菜的创意和味道留下难忘的记忆。

4 蓝冰王甜白葡萄酒 VS 甜品或海鲜

此款葡萄酒呈现浅亮黄色，散发出的香味就像黑加仑子、桃子和草莓的芳香，是一款正宗的德国冰酒，具有十分典型的冰酒果香和清新口感。特别适合配甜品或者是清淡的海鲜。更适合情侣约会时享用，甜美的酒液让爱情如同发酵般甜蜜，让人迷醉。

ROSE FOOD
玫瑰花　　养眼养颜也养生

图/文　快乐农妇

很多花友们家里都种有玫瑰，初衷是为了欣赏，可是，玫瑰的功能远不止如此，除了养眼，它还养胃，特别是对于女性朋友，非常有益于身体健康。把院子里看不完的玫瑰花，摘下来做成玫瑰花酱、玫瑰茶、玫瑰饮料……让你的胃也来个美容spa。

几年前曾在读书杂志看过一篇文章"不能遗忘的餐芳往事"，对其中的鲜花入馔充满好奇，觉得非常浪漫，也十分向往，如今自己种了这么多花，自然不会放过餐芳的尝试，于是就先从玫瑰开始了。

我用的是'大马士革'玫瑰。本来我是要做玫瑰糖的，结果做成了我自己叫做的玫瑰酱。不管是玫瑰糖还是玫瑰酱，做起来都非常容易。其实无论做什么，都不必拘泥于比例或者步骤，可以随心所欲，某一项发明或许就是随心所欲的结果，所以千万别问我糖的比例或者花瓣的比例，或者做了多久之类的问题。

Tips 玫瑰花的功效

玫瑰花味甘微苦、性温，最明显的功效就是理气解郁、活血散淤和调经止痛。此外，玫瑰花的药性非常温和，能够温养人的心肝血脉，舒发体内郁气，起到镇静、安抚、抗抑郁的功效。女性在月经前或月经期间常会有些情绪上的烦躁，喝点玫瑰花可以起到调节作用。

玫瑰花喝多了，还可以让自己的脸色同花瓣一样变得红润起来。这是因为玫瑰花有很强的行气活血、化淤、调和脏腑的作用。我们平时所说的脸色不好或脸上长斑、月经失调、痛经等症状，都和气血运行失常、淤滞于子宫或面部有关。一旦气血运行正常了，自然就会面色红润、身体健康。

温馨提示

1. 对花过敏者慎用；因为玫瑰有祛瘀功效，所以孕妇禁用；
2. 做玫瑰酱的玫瑰花不能打药，因此最好用自己种植的玫瑰，花店里卖的玫瑰花是绝对不能用的；
3. 玫瑰花最好不要与茶叶泡在一起喝，因为茶叶中有大量鞣酸，会影响玫瑰花舒肝解郁的功效；
4. 由于玫瑰花活血散淤的作用比较强，月经量过多的人在经期最好不要饮用。

玫瑰花酱

做法

1. 一株玫瑰就摘了这么多花。要选朵大花瓣肉质厚的红玫瑰花。玫瑰花去掉花蕊、花茎、只留花瓣。将花瓣用清水漂洗一下，洗去尘土，放通风处晾干水。
2. 将洗净的花瓣放入石臼里铺上两三层，放入糖，然后用石锤开始捣玫瑰花，很容易就捣好了。
3. 将捣好的玫瑰花酱放入瓶里，一共做了两瓶，只是口感与买来的不一样。
4. 玫瑰花酱可以佐餐，也可以直接吃，还可以冲水喝，无论怎样吃都可以。

玫瑰花茶

做法

　　玫瑰花茶的做法非常简单，采没有开放的玫瑰花骨朵，晒干即可。也可以采下来之后鲜泡，更鲜美。

　　玫瑰花茶的泡法很多，除了单独泡，还可以分别和红枣、金银花、枸杞、丹参、蜂蜜、桂圆、牛奶、冰糖等一起泡饮。因为玫瑰有涩味，因此在泡玫瑰花茶的时候，可以加入蜂蜜、冰糖来减轻涩味；泡玫瑰花茶的开水最好在80℃左右，因为玫瑰花里有大量Vc，温度太高，会破坏Vc的结构。

HOMEBREW
喝自己酿的**啤酒**

图/文　深蓝

　　看了这个标题，也许有人在问，啤酒这么便宜，市面上的啤酒也就几块钱一瓶，干嘛要自己酿？市面上的啤酒很多都不是纯麦芽发酵的，是掺大米，掺水的，没有什么麦香味；自酿可以根据自己的喜好，根据自己的口味，调整配方，白啤、黄啤、黑啤都行。更重要的是，自酿，通过自己动手，可以放松自己，充分享受DIY的乐趣。

　　自己酿啤酒，其实不是想象中那么难。酿造方法、技巧可以搜罗网络上很多高人的经验分享；器材可以通过网购方便获得；高中学化学、生物等基础知识就是很好的理论知识。这里和大家讨论的是如何利用身边的小工具、器材，酿制适合自己口味的啤酒，而不是市面上主流的工业啤酒。相信喜欢喝啤酒的你，只要自己酿过一次，就会爱上它。即便自己不太喝啤酒，为亲戚、朋友酿几次，也会非常有成就感。

　　以下过程，我是按照 5 升麦芽，酿制 16 升左右啤酒的配方来酿制的，这是最小的量。无论量是多还是少，花的时间是一样的。量大的话，主要容器需要按照相应比例买更大的。

自酿啤酒的过程

1

首先准备一个至少35升以上的大桶，倒入30升水（纯净水，非矿泉水），加热至75℃左右。如果有猛火炉最好。

2

在加热水的同时，可以研磨麦芽（其实是发芽长3～4毫米的大麦，里面也有淀粉）。需要研磨4千克大麦芽，1千克小麦芽，500克巧克力麦芽。如果不知道研磨到什么程度，可以买研磨好的。也可以参照购买的，自己研磨一些。为了防止砧板串味，我垫了个保鲜袋。

3

接下来，把75℃的热水放入保温桶少许，然后放麦芽，控制温度在67℃左右，然后继续放水，加放麦芽。5千克麦芽，大约放15升水。用长柄过滤勺做适当搅拌，确保水温均匀。

4

神奇的化学反应开始了。麦芽里的淀粉酶，在67℃的水温下，可把淀粉转化成麦芽糖浆，这需要1小时左右；同时如果发现水温低于66℃，可以放一部分已转化的糖浆出来适当加热后，再入糖化桶。如果高于68℃，就适当放些冷水。然后用长柄过滤勺搅拌，确保水温均匀。全程可以分3次，将流出的麦芽糖浆适当加热后，倒回到麦芽醪中，确保淀粉全部转化成麦芽糖。

5

这是糖化过程的麦芽醪，整个房间都会散发着浓浓麦芽的香味。这种香味，在普通的工业啤酒里是很少见的。

6

经过1小时左右的糖化，惊喜的第一个时刻已经到来，流出来的是浓浓的糖浆，味道真甜。恭喜你，完成了第一步化学反应。

7

当然，麦芽醪里还有糖分，那就把剩下的水加热至85℃左右，分三次洗槽，洗槽时可以用长柄过滤勺搅拌，这样，就可以得到21升左右的麦芽糖浆。

8

因为洗槽的麦芽糖浆有点稀，而且发酵的容器为18.9升的纯净水桶，所以需要将麦芽糖浆煮沸蒸发水分。全程煮沸需1小时，煮沸20分钟后放入2克啤酒苦花，再过40分钟后放入4克苦花，接着放入30克香花，立即熄火，盖盖子（啤酒苦花、香花都可以在市场上买到）。

9

迅速把桶拿到水池边，放入不锈钢冷却盘管，冷却出来的水可以用于桶外冷却，也可以用冷却出来的水泡着不锈钢桶。（注意：80℃以上时，啤酒花是很容易氧化的，所以把盘管放入不锈钢桶，需要立即盖回盖子。）

10

继续冷却，直到20℃左右（如果不是20℃，需要补偿比重系数），测量比重（有专门的比重计，根据测量的结果查阅专门的比重系数表，就可以得出该温度下的比重系数）。我这次酿的比重是1.048，48/4=12度，意味着酿造的啤酒麦芽度为12度。有点小惊喜吧，毕竟，身边主流的啤酒都是7～8度的。

11

把麦芽糖浆装桶，摇晃水桶，让糖浆有充分的氧气，因为酵母喜欢它。然后放入活化的艾尔酵母液（5克艾尔酵母，50克煮沸过的凉水，2茶匙的蔗糖，放烤箱35℃保温20～30分钟，当你看到液体有20%的泡沫时，表明活化成功），接着16～20℃恒温发酵1～2周。在放入酵母的1～3天里，你可以看到沸腾的糖浆，水桶上的水封也在不停的吐着泡泡。

12

接着，把静置1～2周的啤酒接下来要装瓶，装瓶之前可以再量一下比重，大约是1.015，（48/4～15/4）/2=4度，你酿成了酒精度为4度的啤酒。然后在通过虹吸法放入保压容器中，最简单的就是用可乐瓶，当然啤酒瓶、啤酒桶也可以，1.25升的瓶子里放个10克蔗糖，旋紧盖子，继续让酵母吃点糖，产生二氧化碳发酵。二次发酵3天左右基本完成，但是这样的啤酒口感欠佳，最好还放2周以上。

13

根据前期发酵前和发酵后比重计量的结果计算，这是一杯麦芽度12度、酒精度4度的黑啤。

Tips

1. 啤酒酒精度比较低，本身的杀菌作用有限，所以在糖酵煮沸冷却之后的过程中，消毒必不可少，否则杂菌发酵4周，后果，你懂的。碘伏、臭氧、医用酒精、开水等都是不错的消毒方法。
2. 我们做的是生啤酒，生啤酒的酒体里还有很多活酵母。艾尔啤酒过夏，如果在30℃以上的环境中放置30天，口感会出问题，夏天要冰箱伺候。
3. 艾尔酵母发酵的最佳温度是16～20℃。气温低，可以用水浴法加热。气温高于24℃，就得开空调、放冰柜了。
4. 不要忌讳各种塑料器具，只要是新料，通透度好，就可以使用。比如PET塑料的寿命是10个月，喝完、在保质期范围之内的可乐瓶就可以使用一次。
5. 最后，酿啤酒如做西点，在你没有清楚流程、材料的特点之前，请勿轻易修改它。通过多次实践，方可游刃有余。

SARAH'S GARDEN
Sarah的花园
解开英国乡村风格花园的
设计密码

文 赵芳儿 / 图 Sarah

很早就有花友介绍说，"你想报道别墅花园，找Sarah啊，她是花园设计师，自己的花园就美得不行。"

每座花园的美，风格都是各不相同的，这些不同风格的美，其实归功于花园设计师手中的那些设计密码：色彩、质感、植物、小品等等。看设计师Sarah如何运用这些密码，设计了她自己的这座英国乡村风格的花园。

Sarah坐在自己的花园里阅读、品闲。

这是Sarah将草坪用沙砾替换之前的花园景象。

对花友所说的"美得不行"有具像的概念，是在一本介绍私家别墅案例的图书上，Sarah 英式乡村风格的花园，色彩清丽而柔和，让人非常舒服。细细品味，除了色彩，这种舒服还来源于各种植物之间的和谐搭配，来源于水景小品的可爱自然，也来源于自然的沙砾铺装……难怪各大媒体竞相报道，引得无数花园控们去参观。

Sarah 非常喜欢植物，曾在爱尔兰学习景观设计，对植物配置很有研究，这在她自己的这座花园里体现得淋漓尽致。因为喜欢柔和、中性的色彩，在植物的选择上，Sarah 选择了紫色、粉色、蓝色以及白色，而避免选用热烈的大红色和金色。粉色的蔷薇是花园的主角，如今差不多爬满了一面墙，入口的拱门上也是这种蔷薇，花开的季节，花园里都是这种粉色的浪漫；紫色则主要是美女樱，蓝色的有绣球花、德国鸢尾。粉、蓝、紫，加上叶片的绿色，形成了花园的主色调。

植物配置除了考虑色彩，还要考虑植物的形态、习性，比如叶片的形状、高矮、花期长短、养护方法等，还有搭配的比例。为了保证院子里一年四季有花看，Sarah 还在院子里种了冬天开的蜡梅。美女樱的花期很长，在梅雨季节非常容易烂，要不断修剪通风，而在冬天要全部剪掉，第二年春天再萌发。

花园里，土黄色的沙砾铺装园路让人觉得非常温暖，与园路边的紫色美女樱形成一对互补色，而细碎的沙砾与细碎的美女樱花朵在形态、质感上也非常搭，感觉非常舒服。沙砾铺装的前身其实是草坪，但是草坪打理太费力，虽然才60多平方米，却不得不每天都要占用很多时间来浇水、修剪、除杂草、驱虫。"花园真的不应该变成日常的负担"，于是，Sarah 决心忍痛割爱，用大石头边角料碎成的沙砾取而代之。"砂砾自然、环保，透水性也好，即使下完大雨，雨水也会很快渗透掉，而且，如果你不喜欢了，将它们铲走就是，不

1. 这是Sarah将沙砾替换草坪之后，沙砾的黄色与美女樱的紫色形成一对互补色非常醒目，但又感觉很舒服，一点也不扎眼。
2. 花架和挂架结合，既能装饰，又能起到收纳作用。铲、耙以及竹篮与挂架的木质花格，成就了一片田园风光。
3. 流动的水是花园不可缺少的灵魂。
4. 绿草花丛中的蛋形五星小品，为花园增添生气。

像那些硬质的混凝土铺装，更换非常麻烦。原本只是想着打理简单，没想到带来了这么多意料之外的惊喜。

除了铺装，植物这些最基础的"硬件"元素，花园中的水景，装饰小品，花架，桌椅等这些小景致，也无一不是花园的美丽源由。水池里并没有安装净水设施，但是因为水池里水生植物和鱼的比例恰到好处，它们相互净化，致使水体也很干净，需要换水的时候，水池里的水用来浇花，比自来水更有利于花草的健康。

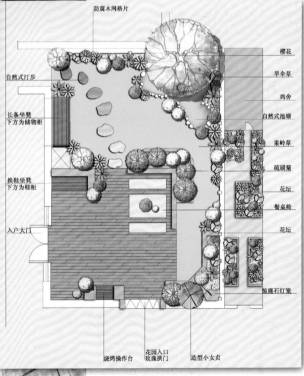

1. 粉色的藤本月季是花园植物中绝对的主角，爬满了拱门，甚至一面墙。
2. 阳台的外面是烧烤炉，足不出户，就能品味美味烧烤。
3. 花园的小水池。
4. 从楼上俯瞰花园的一角。